中职生安全教育

ZHONGZHISHENG ANQUAN JIAOYU

主　编　徐　华　白　科　谢召敏

副主编　罗峻峰　钟　义　李　强　于水清　杨自立

江苏凤凰教育出版社　凤凰职教

图书在版编目(CIP)数据

中职生安全教育 / 徐华，白科，谢召敏主编. 南京 ：江苏凤凰教育出版社，2025. 8. -- ISBN 978-7-5743-2195-3

Ⅰ. X925

中国国家版本馆 CIP 数据核字第 2025NB6731 号

书　　名	**中职生安全教育**
主　　编	徐　华　白　科　谢召敏
项目策划	汪立亮
责任编辑	孙逸凡
出版发行	江苏凤凰教育出版社
地　　址	南京市湖南路 1 号 A 楼，邮编：210009
出　　品	江苏凤凰职业教育图书有限公司
网　　址	http://www.fhmooc.com
印　　刷	天津市蓟县宏图印务有限公司
地　　址	天津市蓟州区经济开发区福山大道 3 号，邮编：301900
电　　话	022-29140509
开　　本	787 毫米×1 092 毫米　1/16
印　　张	11.75
版次印次	2025 年 8 月第 1 版　2025 年 8 月第 1 次印刷
标准书号	ISBN 978-7-5743-2195-3
定　　价	39.80 元
批发电话	025-83677909
盗版举报	025-83658893

如发现质量问题，请联系我们。

【内容质量】电话：025-83658873　邮箱：sunyi@ppm.cn

【印装质量】电话：025-83677905

前言

随着社会的发展、人类的进步，人们对安全问题的认识不断提高。如今，人们面对的安全问题已不仅是人身安全，还涉及生活环境安全、社会财产安全等各个方面。影响人类安全的除自然因素以外，还有人为因素、社会因素等，它们均会给人类安全带来威胁。可以说，安全是人类生存、生活和发展的基础，也是社会存在和发展的前提和条件。

中等职业学校的安全教育是指中等职业学校为了维持学校的正常秩序，维护中职生人身、财产安全和身心健康，提高中职生的安全防范意识与自我保护能力，从学校实际出发，依照国家相关法律法规，制定各类安全教育与管理的规章制度，并进行国家法律法规以及学校安全规章制度、安全知识与防范技能的教育与管理活动。

安全教育对中职生具有重要意义。中职生只有掌握一定的安全知识，才能在学习、生活和社会实践中未雨绸缪，预先采取防范措施；在面临突发性安全事件时，能依据法律法规和安全知识采取应对措施，避免自己遭受损失；当身处灾害和事故中时，能想方设法自救和互救，最大限度地减轻损失。因此，为了对中职生开展安全教育，增强中职生的自我防范意识和自我保护能力，我们组织有关专家和教师编写了本书，作为中等职业学校安全教育的教材。

本教材从中等职业学校的培养目标和实际出发，根据中职生的特点和实际需要，既介绍了中职生在学校应掌握和了解的基本安全知识，又涉及中职生毕业后走上工作岗位时应掌握的安全知识，为提高中职生的专业素质和丰富中职生的安全知识提供了保障。此外，本教材力求贴近中职生的实际，语言简洁、通俗晓畅、内容充实、图文并茂，具有较强的可读性和可操作性。

本教材共设置八大主题，包括校园篇——维护学校稳定 构建和谐校园、防火篇——增强防火意识 防止火灾发生、交通篇——遵守交通规则 争做文明标兵、家庭篇——温馨和睦家庭 杜绝事故伤害、运动与旅游篇——美好休闲时光 注意人身安全、社会篇——面对复杂社会 抵制致命吸引、职场篇——实现人生价值 走向美好未来、急救篇——掌握急救常识 做贴心小卫士。本教材每个主题均包含以下模块。

★ 开篇寄语：概述每一篇的主要内容，激发学生的学习兴趣。

★ 育人目标：引导学生学习方向，提升学生人文素养。

★ 案例引入：用案例启发学生思考，导入学习主题。

★ 知识探究：具体阐述有关学习要点。

★ 思政元素：树立正确的价值观，增强家国情怀。

★ 反观自我：从课堂延伸到生活，通过反思进一步理解所学知识。

★ 知识拓展：补充和深化相关内容，让学生获得更多的相关知识。

★ 学以致用：提供有关思考与练习，引导学生通过实践，熟练运用所学知识。

★ 思政园地：弘扬中华优秀品质，提升学生的民族自信和文化自信。

在编写本教材过程中，编者参阅了大量的论著和教材，吸收了其中的最新成果和相关经验，在此向相关作者表示衷心的感谢！

由于编者水平有限，书中难免存在不妥之处，敬请读者批评指正。

编　者

校园篇——维护学校稳定　构建和谐校园

防火篇——增强防火意识　防止火灾发生

交通篇——遵守交通规则　争做文明标兵

校园篇

——维护学校稳定　构建和谐校园

开篇寄语

随着日常生活中安全事故、法律纠纷日渐增多，校园安全也逐渐成为社会关注的热点之一。校园是学生学习、生活的主要场所，而中职生作为技能型人才和高素质劳动者的后备军，在创建“和谐校园”的活动中，要形成安全意识，掌握安全知识，养成注重安全的习惯。

育人目标

1. 掌握校园安全的相关知识，养成注重安全的习惯，树立正确的是非观念。

2. 增强安全意识，接受安全教育，努力创建安全文明校园，树立正确的人生观、世界观和价值观。

第一课　遏制校园暴力

案例引入

案例一： 某天，某市一所中等职业学校的学生郑某与同校学生胡某玩耍时发生纠纷。次日放学后，胡某与另一名学生郭某约郑某到某小学操场准备打郑某。这时，郑某用藏在书包里的西瓜刀砍伤郭某，致使郭某手臂受伤，郑某被送入少年管教所。

案例二： 某校一男一女两名学生骑车回家，路过一僻静的街道时，突然一群歹徒围上来要强行搜身。当时，女生吓得直发抖，男生则镇定自若，掏出身上的数百元钱，假装说自己愿意和他们交个朋友。这群歹徒见他那么"爽快"，也没有过多地为难他们，拿了钱便扬长而去。等歹徒走后，男生急忙叫女生去报警，自己则悄悄跟在歹徒后面确认他们的行踪。不久，有说有笑正在分享"战果"的歹徒全部被警察抓获。

知识探究

校园暴力是指发生在校园及其附近的，以学校教师或学生为施暴对象的恃强凌弱的暴力行为，主要包括抢劫与抢夺、纠纷与斗殴等行为。

校园是培养人才的地方，本该是一方净土和文明殿堂。然而，近年来人们常常会看到或听到在校园内发生的一些暴力事件，轻则恶语相向，重则伤及性命，给美丽的校园蒙上了一层阴影。学校作为社会的一个重要组成部分，要竭力遏制校园暴力的发生。没有和谐的校园，就不会有和谐的社会。

一、防范抢劫与抢夺

抢劫是指以非法占有为目的，对财物的所有人、保管人当场使用暴力、胁迫或者其他方法，强行将公私财物据为己有的一种犯罪行为。抢夺是指以非法占有为目的，乘人不备，公开夺取数额较大的公私财物的犯罪行为。这两类犯

罪行为都容易造成凶杀、伤害、强奸等恶性案件，严重侵犯他人的财产及人身权利，威胁他人生命或财产安全，造成他人生命、健康及精神上的损害，比盗窃犯罪具有更大的危害性，因此，必须积极防范。

1. 校园抢劫、抢夺案件的特点

（1）案发时间一般为师生休息或校园内行人稀少时，如夜深人静时。

（2）大多发生于校园中比较偏僻、隐蔽的地带。例如，树林中、小山上，以及远离宿舍区的教学实验楼附近或无路灯的人行道旁、正在兴建的建筑物内等。

（3）抢劫、抢夺的主要对象是单独行走的人员，特别是单独行走的女性。

（4）作案人员一般较熟悉校园环境，常常团伙作案；作案时胆大妄为，作案后迅速逃遁。

2. 中职生如何预防被抢劫、抢夺

中职生要预防抢劫与抢夺，应注意以下几点。

（1）外出时不要携带过多的现金和贵重物品，如果必须携带大量现金或贵重物品，那么可请同学随行。

（2）现金或贵重物品最好贴身携带，不要置于手提包或挎包内。

（3）不外露或向他人炫耀现金、贵重物品，应将现金、贵重物品藏于隐蔽处。

（4）尽量不要在午休或夜深人静时单独外出，特别是女生，尽量不要在偏僻、隐蔽处行走、逗留。如果必须通过该路段，那么最好结伴而行，或者携带一些防卫工具。

（5）发现有人尾随或窥视时，不要紧张或露出胆怯神态，可以用手机偷偷向同学或老师发送自己的定位或简要说明自己遇到的情况，也可以大胆回头多盯对方几眼，或哼着歌，或大叫同学、老师的名字，并改变原定路线，立即向有人、有灯光的地方奔跑。

3. 遭遇抢劫、抢夺时的对策

万一遭遇抢劫、抢夺，应当保持镇定，根据所处的环境，对比双方的力量，针对不同的情况采取不同的对策。

（1）案发时，冷静分析犯罪嫌疑人和自己的力量对比，若具备反抗的能力

或时机有利于自己，则可以在保证自身安全的情况下，趁对方不注意迅速反击，以制伏犯罪嫌疑人或使其丧失继续作案的心理和能力；也可以在不危及生命安全的情况下，大声呼救或故意高声与犯罪嫌疑人说话。

（2）在搏斗中，可利用有利地形或身边的砖头、木棒等足以自卫的武器与犯罪嫌疑人形成僵持局面，使犯罪嫌疑人短时间内无法近身，以便引来援助者，并给犯罪嫌疑人造成心理压力。

（3）巧妙麻痹犯罪嫌疑人。当自己处于犯罪嫌疑人的控制之下而无法反抗时，可按犯罪嫌疑人的要求交出部分财物，切不可一味地求饶，应当尽量保持镇定，以轻松的口气与犯罪嫌疑人交谈，采取幽默的方式表明自己已交出全部财物并无反抗的意图，使其放松警惕，以便看准时机进行反抗或逃脱其控制。

（4）采用间接反抗法，即趁犯罪嫌疑人不注意时在其身上留下记号，如在其衣服上擦点泥土、血迹，或在其口袋中偷偷装一个有标记的小物件，在犯罪嫌疑人得逞逃跑后，注意其逃跑去向等。

（5）如果敌强我弱，则应采取灵活做法，保持镇静，注意观察犯罪嫌疑人，尽量准确记下其特征，如身高、年龄、体态、发型、衣着、胡须、语言、行为等。

（6）及时报案。要尽快向公安机关、学校保卫部门报案，说明案发时间、案发地点、犯罪嫌疑人特征、自己的财物损失情况等。犯罪嫌疑人得逞以后，很有可能会继续寻找下一个抢劫目标，或在作案现场附近的商店和餐厅挥霍所抢财物。中等职业学校一般都有较为严密的防范措施，及时报案并准确描述犯罪嫌疑人特征，有利于有关部门及时组织力量布控，抓获犯罪嫌疑人。

二、预防纠纷与斗殴

预防纠纷与斗殴

中等职业学校出现纠纷与斗殴现象，多是因为学生之间的一些小矛盾没有得到及时化解。那么，怎样预防和化解纠纷，以及如何防止斗殴现象的发生呢？

1. 预防和化解纠纷

纠纷虽然是生活中的常见现象，但往往会造成严重的后果，因此，我们应尽力防止纠纷的发生，避免“一失足成千古恨”。当我们预感到可能会发生纠纷的时候，应尽力做到以下几点。

（1）冷静克制，切莫莽撞。无论争执由哪一方引起，都要持冷静态度，不可情绪激动。这就要求我们大度，虚怀若谷，只有“大着肚皮容物”，才能“立定脚跟做人”。正如人们颂扬大肚弥勒佛的对联所写：“大肚能容，容天下难容之事；开口便笑，笑世间可笑之人。”

(2) 诚实、谦虚。诚实、谦虚是加强团结和增进友谊的基础，也是消除纠纷的“灵丹妙药”。有了诚实、谦虚的品质，在发生纠纷时，就能认真听取他人的意见，宽容他人的过失，处理好分歧。在与他人的交往过程中，特别是在发生争执的时候，诚实、谦虚并不是懦弱与妥协的表现，相反，它是自身强大和品德高尚的表现。

(3) 注意语言美。实践证明，纠纷多由口角引起。“恶语伤人”“病从口入，祸从口出”“话不投机半句多”，这些都深刻揭示了语言与纠纷的辩证关系。语言美是社会主义精神文明的重要内容。当我们不小心冒犯别人时，讲一句“对不起”“很抱歉”“请原谅”，或者当别人冒犯自己，向自己道歉时，回一句“不要紧”“没关系”，紧张的气氛就会烟消云散，从而“化干戈为玉帛”。

2. 防止斗殴现象的发生

(1) 防止突发性斗殴的“良方”——说服术。突发性斗殴往往是由于不能冷静对待偶然起因而发生的。面对突发性斗殴应采取说服的方法，针对不同的对象，认真讲清道理，指出“行其少顷之怒而丧终身之躯”的严重后果，使对方冷静下来。

(2) 防止报复性斗殴的方法——攻心术和暗示效应。报复性斗殴往往产生于某种奇特的变态心理。生活中，人们的思想动机必然会通过言语、行为等显露出来。所以，我们要注意关心身边同学的思想变化，发现问题后及时且有针对性地进行规劝。攻心术与说服术所不同的是，攻心术以关切为先导，不直接指出对方的错误，因为那样容易引起对方的反感，或置对方于十分难堪的境地。每个人都有自尊心，所以，我们应委婉相劝，用相似的人或事来善意暗示对方，让对方自己觉醒，从而领悟到同学之间的情谊，使矛盾自然消失。

(3) 防止演变性斗殴。演变性斗殴一般有较长的滋生过程。中职生长期生活在一起，不可避免地会发生一些摩擦和冲突，而有些伤人感情的话语则容易引发斗殴。对这类斗殴，及早发现、及时化解和预防尤为重要。

(4) 防止群体性斗殴。中职生完全能够从纷繁复杂的生活现象中分辨是非，判断正误。但是为帮助同学、老乡或朋友而进行群体性斗殴的现象却也时有发生。广大中职生应该合理看待部分武侠小说、打斗影视作品中宣扬的“江湖义气”，树立正确的交友观念，不要因为所谓的“哥们儿义气”而置法律于不顾。

三、防范校园霸凌

校园霸凌是一种特殊形式的霸凌现象，其特点表现为欺辱性、破坏性和暴力性，容易造成中职生心理创伤并引发违法犯罪行为。随着社会的进步，经济快速发展、人们的思想观念日益多元化、网络迅速发展，校园霸凌的形式也愈发多样化，从最初的语言辱骂、肢体殴打，发展到精神霸凌、网络霸凌等，校园霸凌现象愈演愈烈。因此，必须积极防范。

1. 校园霸凌的危害

(1) 被霸凌的学生常会受到不同程度的生理性伤害，轻则刮伤破皮，严重的可能会导致残疾甚至失去生命。

(2) 霸凌行为会给被霸凌的学生带来一定程度上的心理压力和痛苦体验，进而影响其身心健康。被霸凌的学生不仅会对学校与学习失去兴趣，出现注意力分散、学习成绩下降、逃学等行为，同时也会产生抑郁、焦虑等心理问题及失眠、做噩梦等身体不适症状。

(3) 对于家庭成员而言，无论是霸凌者还是被霸凌的学生的家属，都会受到不同程度的精神打击，有可能还需要承担经济上的损失。更为严重的会失去亲人，导致家破人亡。

(4) 对学校而言，学校无法维持正常的教育教学秩序。校园霸凌的情况一旦出现，会影响学校的学习氛围，导致家长以及学生之间的恐慌，影响学校的声誉和正常教学工作。

2. 遭遇校园霸凌的对策

(1) 一个人遇到突发霸凌状况，要尽快走开。通常霸凌者只是借机发泄不快，尽快走开，对方可能不会再纠缠。如果霸凌者突然出手或者追逐，一定要立刻向最近的人群奔去。如果实在不能避开，目光要坚定，保持沉着冷静，传递出“我也不好惹”的信息，或者直接告诉霸凌者你会告诉老师。

(2) 大声说出来。如果已经遇到校园霸凌，要勇敢地向老师、学校或权威部门反映。告诉他们施暴者名字，详细描述霸凌发生的时间、地点以及具体内

容。当霸凌者已经威胁到自身的人身安全时，要坚定地相信父母、老师、学校会做出正确的判断和处理，要及时向他们求助。

（3）调整好自己的情绪。遭遇霸凌并且克服它带来的伤害并不是一件简单的事情，所以如何摆脱校园霸凌带来的心理阴影是每一个受害者都需要面对的困境。可以尝试和自己信任的人交流，减弱不安的情绪。

反观自我

学完本课，对于文中讲到的同学之间的情谊，你是如何理解的？

知识拓展

打架斗殴的性质

生命权和健康权是人类最基本的权利，是其他一切权利的基础。打架斗殴行为可能构成的罪名有两个：一个是“故意伤害罪”，另一个是“故意杀人罪”。打架斗殴是一种典型的故意伤害行为。

按照故意伤害的伤害结果，可以把“故意伤害罪”分为故意伤害致人“轻伤”、故意伤害致人“重伤”和故意伤害致人“死亡”。法律规定：14 周岁以上（包括 14 周岁）的人，要对故意伤害致人重伤或死亡的后果承担刑事责任；16 周岁以上（包括 16 周岁）的人，要对故意伤害致人轻伤以上的行为承担刑事责任。

刑事责任是指触犯《中华人民共和国刑法》（以下简称《刑法》）所要承担的法律责任，具体包括管制、拘役、有期徒刑、无期徒刑、死刑等。打架斗殴等故意伤害行为严重扰乱社会秩序，严重威胁他人的生命和健康，《刑法》规定了较重的刑事责任。根据《刑法》第二百三十四条的规定：故意伤害他人身体的，处三年以下有期徒刑、拘役或者管制。犯前款罪，致人重伤的，处三年以上十年以下有期徒刑；致人死亡或者以特别残忍手段致人重伤造成严重残疾的，处十年以上有期徒刑、无期徒刑或者死刑。

学以致用

1. 什么是抢劫？中职生应如何预防抢劫？

2. 如果你的好朋友被人欺负，找你帮忙去报复别人，你应不应该去？为什么？

3. 如果你在日常生活中和同学发生了矛盾，应该怎么处理？为什么？

4. 如何对校园霸凌说不？

第二课　应对踩踏事件

案例引入

案例一： 某天，某中等职业学校晚自习结束学生下楼时，几个男生故意堵住楼梯口，从而导致了一起 8 人死亡、20 余人受伤的校园恶性楼梯踩踏事件。

案例二： 2014 年 12 月 31 日，大量游客市民聚集在上海外滩迎接新年，通往观景平台的人行通道阶梯处有人失衡跌倒，继而引发踩踏事件，造成 36 人死亡，49 人受伤。

一、踩踏事件发生的原因

踩踏事件主要发生在空间有限且人群相对集中的场所，如球场、商场、室内通道或楼梯、影院、超载的车辆上、航行的轮船中等，人群的情绪如果因为某种原因而变得过于激动，那么置身其中的人就有可能受到伤害。

踩踏事件发生的原因主要有以下几点。

（1）前面有人摔倒，后面的人又没有止步，从而发生踩踏事件。

（2）人群由于受到惊吓而惊慌失措，大家在逃生中互相拥挤，从而发生踩踏事件。

（3）人群因为过度兴奋而造成踩踏事件的发生。

（4）好奇心驱使而造成踩踏事件的发生。

二、遭遇拥挤时的应对措施

在人流量大的地方极易发生踩踏事件，所以大家应尽量避免靠近人多、拥挤的地方，如果不小心置身其中，那么可以按以下方法进行处理。

（1）发现拥挤的人群向着自己行走的方向涌来时，应该马上避到一旁，但不要奔跑，以免摔倒。

（2）如果路边有可以暂时躲避的地方，那么及时暂避。切记不要逆着人流前进，那样非常容易被推倒在地。

（3）若身不由己陷入人群之中，则一定要先稳住双脚。切记远离玻璃窗，以免因玻璃破碎而被扎伤。

（4）遭遇拥挤的人流时，一定不要采用体位前倾或者低重心的姿势，即便鞋子被踩掉，也不要贸然弯腰捡鞋或系鞋带。

（5）如有可能，可以先抓住一件坚固牢靠的东西，待人群过去后，再迅速离开现场。

三、出现混乱局面时的应对措施

如果拥挤的人群出现混乱，那么一定要保持冷静，听从现场工作人员的统一指挥，不要跟着盲目拥挤，以免发生更大的悲剧，并针对现场情况采取相应的应对措施。

（1）在拥挤的人群中，要时刻保持警惕，当发现有人情绪不对，或人群开始骚动时，就要做好准备保护自己和他人。

（2）尽量不要被绊倒，避免自己成为踩踏事件的诱发因素。

（3）当发现自己前面有人突然摔倒了，要马上停下脚步，同时大声疾呼，

告知后面的人不要向前靠近。

（4）若被推倒，则要设法靠近墙壁，面向墙壁，身体蜷成球状，双手在颈后紧扣，以保护身体最脆弱的部位。

四、发生事故后的应对措施

如果发生事故，面对惊慌失措的人群，我们一定要稳定情绪，不要被别人慌乱的情绪感染。惊慌失措只会使情况更糟，大家可以按以下方法处理事故。

（1）如果发生拥挤踩踏事故，则应及时报警，联系外援，寻求帮助，迅速拨打“110”或“120”。

（2）在医务人员到达现场前，要抓紧时间用科学的方法开展自救和互救，尽量减少伤者的痛苦，避免产生更大的伤害。

发生严重踩踏事件时，最多见的伤害就是骨折、窒息。可根据具体情况进行判断，先将伤者平放在木板或较硬的垫子上，再解开其衣领、围巾等，使伤者保持呼吸道畅通。

郑州地铁五号线：老人、孩子、晕倒的人先走

2021年7月20日，郑州暴雨导致地铁五号线严重积水，500多人被困，12人不幸遇难。地铁被困亲历者回忆称，地铁没走多久就有水开始渗进车厢，水位最高时淹到胸口处，多人出现缺氧、呛水等情况。

脱困后，亲历者回忆道：“每个人都在喊着让晕倒的人先走，两个男生架着一个晕倒的人，每个人都上去扶一把，把每个晕倒的人都先救出去，所有的男生都说女生先走，男生站在两边等着让女生先走，即使是情侣都放开了彼此的手，让女生先走。”“男生们在后面一个拉着一个女生走，我头晕走不动了，不管停在哪里，不管男生女生都会说一句，你靠着我就可以，看着好多男生和消防员叔叔一直泡在水里，接应一个又一个女生出去，真的是觉得很庆幸，生在华夏这样一个有爱的国度，遇到善良可爱的人……”

面对困境，大家互相帮助、互相鼓励，不急不慌，依次撤离。每个人都在喊着让晕倒的人先出去；每个人都上去扶一把；所有的男生都说让女生先走；所有的成人都让老人和孩子先行。每个人都团结着渡过难关，大家的勇敢善良温暖着所有人。

我们应从因为拥挤而发生的踩踏事件中吸取什么教训？

危险时刻如何保持镇定？

（1）在拥挤的人群中，一定要时刻保持警惕，不要被好奇心驱使。当面对惊慌失措的人群时，更要保持自己的情绪稳定，惊慌只会使情况更糟。

（2）在拥挤的人群中，要切记和大多数人的前进方向保持一致，不要试图超过别人，更不能逆行，要听从指挥人员的口令。同时，也要发扬团队精神，因为组织纪律性在灾难面前非常重要。

专家指出，心理镇定是个人逃生的前提，服从大局是集体逃生的关键。

1. 踩踏事件发生的原因主要有哪些？
2. 生活中哪些场所容易出现拥挤现象？应该如何避免卷入拥挤的人群中？

第三课 当心身边的“第三只手”

案例引入

一天晚上，某中等职业学校学生陈某报警称宿舍被盗，其放在床垫底下的现金不翼而飞。民警赶到现场发现，5只箱子全部被撬，室内的抽屉和床上用品被翻得乱七八糟。在仔细勘查后，民警发现有一只箱子属于假撬，并以此为线索，破获了一起上铺学生盗窃下铺学生财物的案件。幸好陈某报案及时，赃款还在作案人的文具盒里，否则，陈某半个月的生活费就没有着落了。

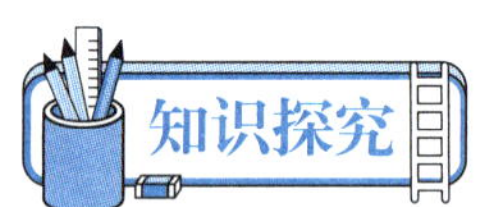

知识探究

盗窃是指一种以非法占有为目的，秘密窃取国家、集体或他人财物的行为。它是一种最常见的，并最为师生所深恶痛绝的违法犯罪行为。盗窃案在学校发生的各类案件中占90%以上。

以作案主体进行分类，盗窃案可分为外盗、内盗和内外勾结盗窃三种类型。少数中职生对自己要求不严，人生观和价值观发生扭曲，法律意识淡薄，不顾家庭和自己的经济承受能力，过度消费，盲目攀比，从而导致没有钱花就去偷盗，逐步走上了犯罪道路。

一、如何保管自己的现金和贵重物品

有的中职生有手机、平板电脑、数码相机等比较贵重的物品，还有的中职生一次从家中带来几千元生活费，一旦被盗，不仅会使生活、学习受到很大影响，往往还会影响情绪，分散精力。

(1) 现金最好的保管办法是存入银行，尤其是数额较大的现金更要及时存入银行，千万不能怕麻烦。

①储蓄后要记下存单号码，将身份证与银行卡分开放，一旦被窃或丢失，便于报案和到银行挂失。

②应选用适当的储蓄种类，就近储蓄。

（2）贵重物品应随身携带，以防被人顺手牵羊或被闯入者盗走。

① 放假离校时应将贵重物品随身带走或委托可靠的人保管，不可留在宿舍。

②睡前应将贵重物品锁入抽屉，防止被人盗走。

③宿舍的门最好能换上防盗锁，易于翻越的窗户要加护栏，门钥匙不要随便乱放，以防丢失。

④在价值较高的贵重物品上，有意识地做一些特殊记号，这样即使物品被偷走，将来找回来的可能性也会大一些。

二、宿舍防盗应注意哪些问题

保护好每个同学的财物，谨防被盗，这不仅是个人的事，还要依靠全宿舍、全班同学共同努力。宿舍防盗应注意以下几个问题。

（1）最后离开宿舍的同学要锁门，养成随手关门、锁门的习惯。短时间离开宿舍，如去水房、上厕所、去隔壁宿舍或去买饭时也要锁门，不要一时大意，以免后悔莫及。

一女生到相邻宿舍办事，仅仅几分钟，没锁门，回来后发现挂在床上的手包连同手机、银行卡等价值 8000 元的东西被盗，她痛哭不已。

（2）尽量不要留宿他人。年轻人热情好客很正常，但不可违反学校宿舍管理规定，更不能放松警惕，引狼入室。

某同学小 A 在返校途中结交了一位朋友小 B，小 B 谈吐文雅，自称是本校高年级同学。几天后，小 B 来找小 A 玩，正赶上小 A 要上课，便将小 B 留在宿舍，谁知小 B 却将宿舍内的现金、贵重物品席卷而去。事后经调查，学校根本没有此人。

（3）对形迹可疑的陌生人应提高警惕。盗窃分子都有在宿舍里四处走动、窥视、张望等共同特点，见到这类形迹可疑的陌生人，只要提高警惕，认真盘问，就会使盗窃分子感到无机可乘，不敢贸然动手，客观上起到了预防作用。

（4）负责安全的值班人员要切实担负起责任，其他同学要支持值班人员的工作，尊重值班人员。

某年暑假的一天中午，某中等职业学校假期返校学生李某停放在宿舍二楼的自行车放好后才几分钟就不见了。在查找过程中，值班人员发现一宿舍的门反锁，用钥匙打不开，进而对室内嫌疑人杨某进行审查。最后发现杨某是外校学生，不但盗窃了自行车，还盗窃了4台笔记本电脑。

（5）尽量换人就换锁，不要将钥匙借给他人，防止钥匙失窃、宿舍被盗。

三、发现宿舍被盗后的应对措施

发现宿舍被盗，不少同学首先想到的是赶紧翻看自己的柜子、箱子、抽屉，查看自己丢失了什么，另一些同学则出于关心、好奇等原因前来围观、安慰。结果，待公安机关接到报案来到现场时，现场的原始状态已发生很大变动，使公安人员难以对犯罪活动做出准确判断，影响了破案工作。那么发现宿舍被盗后该怎么办呢？

（1）发现宿舍门被撬，抽屉、箱子的锁被撬或里面的物品被翻动时，应立即向学校保卫部门报告或报警。

（2）封锁并保护现场，不准任何人进入现场。

（3）发现存折或银行卡被盗，应尽快到银行办理挂失手续。

（4）如实回答前来勘验和调查的公安人员提出的各种问题。回答时，一要实事求是，不可凭空想象、推测；二要认真回忆，力求全面、准确。

（5）积极向负责侦查案件的公安人员提供线索，协助破案。反映情况时要尽量提供各种疑点、线索，不要觉得此事无关紧要而忽略不提，也不要觉得涉及某个同学怕伤感情。公安机关有义务为反映情况的学生保密。

你身边发生过被盗的事情吗？学完本课，你受到什么启发？

什么是犯罪现场？

犯罪现场是判断犯罪嫌疑人进行犯罪活动和真实反映犯罪嫌疑人客观情况的基础，只有将现场保护好了，侦查人员才有可能把犯罪嫌疑人遗留的手印、脚印、犯罪工具等所有痕迹和物品收集起来，而这些正是揭露和证实犯罪的有力证据。

犯罪现场应设岗看守，禁止围观，不能让无关人员进入现场。封闭室内现场，不能翻动室内的任何物品，盗窃分子可能留下痕迹的门柄、锁头、窗户、门框等也不能触摸，以免把无关人员的指纹留在上面，给勘查现场、认定犯罪嫌疑人的工作带来麻烦。

1. 看到陌生人进入宿舍，你应该采取什么措施？
2. 如果你的宿舍被盗，你应该怎么办？

第四课 学会自我保护

案例引入

一中职生上完晚自习，在回家的路上发现有人尾随。原回家路线前方不远处即是偏僻路段，该中职生当机立断，迅速改变了回家路线，并在不远处果断地进入了一家人较多的餐馆。

知识探究

学会自我保护

近年来，性侵害事件频发，不但给受害者造成身体上的伤害，而且也给他们的心理带来了难以磨灭的伤痕。中职生应该掌握一些自我保护的知识，保护好自己。

一、中职生容易遭受性侵害的时间和场所

（1）夏天是中职生容易遭受性侵害的季节。夏天天气炎热，中职生晚间活动时间延长，外出机会增多。夏季的校园内绿树成荫，犯罪嫌疑人作案后容易藏身或逃脱。

（2）夜晚是中职生容易遭受性侵害的时间。因为夜晚光线暗，犯罪嫌疑人作案时不容易被人发现。

（3）偏僻路段是中职生容易遭受性侵害的地方。树林深处、夹道小巷、楼顶晒台以及没有路灯的街道楼边，尚未交付使用的新建筑物内，无人居住的小屋、茅棚等僻静之处，若中职生单独行走、逗留，则很容易遭受不法分子的侵害。所以，中职生最好不要单独行走或逗留在上述这些地方。

二、中职生如何注意安全

注意安全须从我做起，树立警惕意识，加强自我防卫。具体要做到以下几点。

（1）保持警惕。如果在校园内行走，则应选择灯光明亮、来往行人较多的大道。对于路边黑暗处要有戒备，最好结伴而行，不要单独行走。如果走校外陌生道路，则应选择有路灯和行人较多的路线。

（2）陌生人问路，尽量不要带路，尤其是在偏僻路段。向陌生人问路，也尽量不要让对方带路。

（3）衣着要得体，尽量穿行动方便的鞋子。

（4）不要搭乘陌生人的车，防止落入坏人的圈套。

（5）遇到不怀好意的人挑逗，要及时斥责，表现出自己应有的自信与刚强。如果碰上坏人，则应高声呼救，即使四周无人，也切莫紧张，要保持冷静，利用随身携带的物品，或就地取材进行有效反抗，还可采取周旋、拖延时间的办法来等待救援。

（6）一旦不幸遭受侵害，也不要丧失信心，要振作精神，鼓起勇气同犯罪嫌疑人作斗争。要尽量记住犯罪嫌疑人的外貌特征，如身高、相貌、体形、口音、服饰以及特殊标记等。要及时向公安机关报案，并提供证据和线索，协助公安机关侦查破案。

三、中职生防卫方法

（1）“喊”。有道是“做贼心虚”，不要小看喊声的作用，它有可能阻止犯罪嫌疑人。如果犯罪嫌疑人正处于犯罪初始阶段，那么中职生应当大声呼救，以求得他人的救助。

（2）“撒”。如果只身行路遭遇犯罪嫌疑人，呼喊无人，跑躲不开，犯罪嫌疑人仍然紧追不舍，那么这时可以就地取材，抓一把泥沙撒向犯罪嫌疑人面部，以争取时间报警。

（3）“撕”。如果“撒”的办法不起作用，仍被犯罪嫌疑人死死缠住，那么可以在反抗中撕烂犯罪嫌疑人的衣裤，然后将衣裤碎片、衣扣、断带等作为证据带到公安机关报案。

（4）“抓”。使劲撕仍不能制止加害行为的，可以向犯罪嫌疑人的面部、裆部抓去。

（5）“踢”。面对一时难以制服的犯罪嫌疑人，可以用力踢向他的裆部，这样可以削弱他继续加害的能力。

（6）“变”。发现有人跟踪时，不要害怕，应见机变换行走路线，尽力将其甩掉。

（7）“认”。受到犯罪嫌疑人的不法侵害时，牢记犯罪嫌疑人的面部和体态特征，多记线索，以便在报案时（一定要争取在24小时之内）提供给公安人员。

（8）“咬”。犯罪嫌疑人施暴时常常先将受害者的双臂缚住，此时应抓住时机咬住其不松口，迫使其停止侵害。

反观自我

某校女生小张经常在上学路上受到犯罪嫌疑人的骚扰，小张因为害怕报复，不敢将此事告诉家长和老师，请问小张的做法对吗？你觉得她应该怎么做呢？

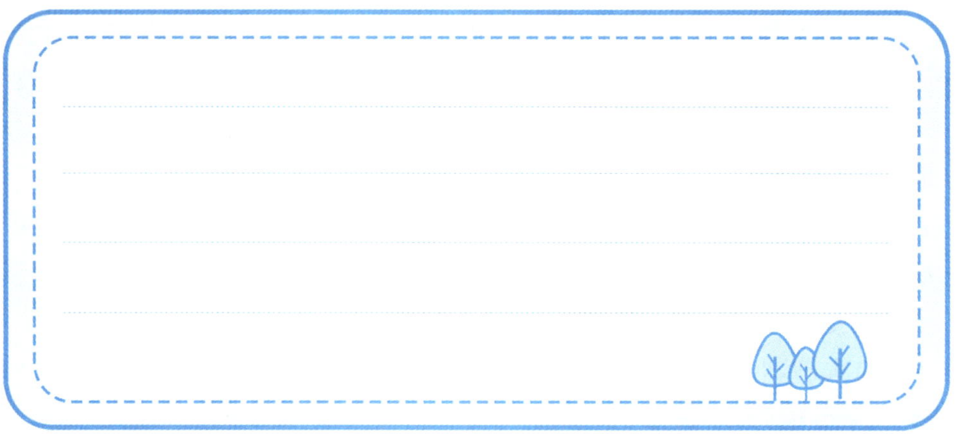

知识拓展

遇到坏人怎么办？

（1）向交通岗亭或执勤的警察寻求保护。

（2）若附近无交通岗亭或民警，则应到商场等人多的地方去，然后打电话叫熟人来接。

（3）假装打电话马上要和熟识的人见面，并大声说“爸爸，我马上就到了！”“哥哥，你来接我了？你在哪儿呢？”等。

（4）如果可能，则应迅速拦一辆出租车或乘公共汽车离开。

学以致用

遇到性骚扰和性侵害时应该怎么办？

第五课　维护实验室安全

案例引入

案例一：某中等职业学校组织学生参加爆炸演示，一名学生未按老师要求站在规定的方向和距离以外，擅自进入危险区，被爆炸时飞出的物体击倒，当场身亡。

案例二：某中等职业学校一名女生在做“苯乙烯和生物油聚合”的实验时擅自离开了实验室，导致通风橱着火事故的发生。

知识探究

实验室安全

学校实验室安全事故按其发生的原因可分四种类型：①因人员操作不当、仪器设备使用不当和粗心大意而酿成的事故；②因仪器设备和各种管线年久失修、老化损坏而酿成的事故；③因自然现象而酿成的自然灾害事故；④非法侵害事故（如恶意引入的计算机病毒或黑客攻击等）。

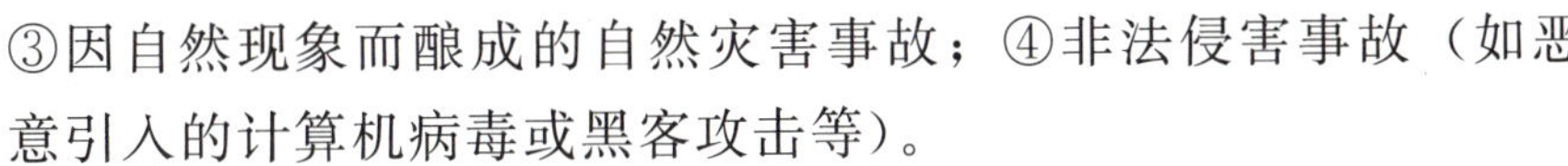

一、实验室火灾事故发生原因及预防

学生在实验室做实验时，接触易燃液体和气体，如果违反规定和处理不当则极易引发火灾。

1. 实验室发生火灾的主要原因

（1）在实验室抽烟并乱扔烟头，使烟火或火星接触易燃物。

（2）供电线路老化、短路、超负荷运行。

（3）忘记关电源，致使电器通电时间过长，温度过高和电线发热。

（4）电器操作不当或使用不当。

（5）易燃物品保管或使用不当。

（6）不遵守实验室安全管理规程，违反操作规则，实验中擅自脱岗等。

2. 实验室火灾的预防

（1）参加实验的学生在实验前要认真检查实验设备的安全性能状况，发现电线及设备存在故障时，应及时报告实验室管理人员。

（2）学生在实验室应严格遵守实验室管理规定，不得违规在实验室吸烟或使用电器。

（3）参加实验的学生在操作设备时应集中注意力，使用易燃、易爆物品时更要谨慎，实验结束前不得擅自脱岗，以防发生火灾事故。

（4）参加实验的学生要了解实验室灭火器材的种类、存放位置和使用方法，一旦实验室发生火灾，在报警的同时，应立即使用灭火器材灭火。

二、实验室爆炸事故发生原因及预防

爆炸是大量能量在短时间内迅速释放或急剧转化成机械能的现象。学校实验室的爆炸事故多发生在有易燃、易爆物品和高压容器的实验室。

1. 酿成实验室爆炸事故的直接原因

（1）违章操作，没有遵守安全管理规定。

（2）设备老化、存在故障，未及时检修。

（3）易燃、易爆物品管理不善，发生泄漏，遇火花引起爆炸。

2. 实验室爆炸事故的预防

（1）了解爆炸物品的性能。

（2）在与爆炸物品接触时，要做到“七防”：防止可燃气体、粉尘与空气混合；防止明火；防止摩擦和撞击；防止电火花；防止静电；防止雷击；防止化学反应。

（3）严格遵守各项法律、法规和规章制度。

（4）严格履行自己的岗位职责。在进行实验、实习时，要听从指挥，协调行动，恪守职责。

（5）要依靠组织，解决异常问题。如果发现爆炸物品丢失或有违反国家关于爆炸物品管理规定的行为，必须及时报告老师、学校保卫部门或当地公安机关，便于组织上采取措施，防止危害事故发生。

（6）做好实验设备特别是压力容器的定期检验工作。

三、实验室中毒事故发生原因及预防

学校实验室的中毒事故多发生在有化学药品和有毒物品的化学、化工、生化实验室和有毒气排放的实验室。

1. 实验室中毒事故发生的原因

（1）违反操作规程，将食物带进有有毒物品的实验室或食物与有毒物品存放在一起，造成误食。

（2）因管理不善，造成有毒物品散落流失，引起环境污染。

（3）排风、排气不畅，毒气难以散出，引起未离开实验室的人员中毒。

（4）废水排放管路受阻或失修改道，造成有毒废液流出，引起环境污染。

（5）没有进行有效防护，如没有按规定穿防护服装、戴防毒面具等。

2. 实验室中毒事故的预防

学生要特别重视有毒物品的使用与管理问题，在实验中需要使用有毒物品时，要严格遵守规定。对有毒物品要按照“五双制”（双人保管、双人双锁、双人记账、双人领取、双人使用）的规定进行管理；学生在使用有毒物品时，必须有教师带领；有毒物品用完后，废弃物要妥善保管，不得随意丢弃、掩埋或水冲，应上交学校统一处理。

实验室火灾与爆炸事故在我们身边时有发生，学完本课，你得到了什么样的启示？

实验课安全须如

实验课是中职生在校学习的重要课程，学生在做实验时要注意安全。实验用品有时是易燃、易爆、强腐蚀的化学药剂和有毒、有害或强电流的高危物品，实验的新奇又使得学生处于兴奋状态，因此要做好实验课的安全管理和实验用品的安全使用。

(1) 严格遵守实验规程，严格按照实验老师的指导和要求进行操作。

(2) 盛放强腐蚀药剂的器皿必须安放牢固，防止打翻烧伤人员或引起其他事故。

(3) 严禁向浓硫酸内直接加注水，防止发生飞溅，烧伤人员。

(4) 严禁在没有防护的情况下将实验物品移出安全储藏环境，如将钠、磷分别从煤油、水中拿出来。

(5) 必须用火柴或其他安全火种点燃酒精灯，严禁以酒精灯倾斜互点，防止酒精外溢或打翻酒精灯引发火灾。

(6) 对易爆物品要注意使用安全，即使用易爆物品时，要远离火源。

(7) 减少漏水、漏洒液体，防止因腐蚀导致其他事故。

(8) 化学物品溅到人的眼睛里时，应用专用冲洗眼睛的水及时冲洗，并采取其他急救措施。

(9) 做有毒气体的实验时，一定要安装尾气处理装置，以防发生中毒事故，损害健康。

(10) 做带电实验时，应确保电器处于安全工作状态，以防发生火灾、触电、爆炸等事故。

(11) 做光学实验时，严禁用眼睛直视强光源，防止烧伤眼睛。

(12) 实验室里的仪器一般都沾有药品或细菌，因此，生物实验中的解剖刀具要谨慎使用，防止划伤手指；严禁持解剖刀具嬉戏，谨防事故发生。

(13) 及时清洗实验用具并进行消毒，防止污染环境或引发其他事故。

(14) 不要将实验室里的药品随意拿出实验室，更不能随意去其他地方自行做实验，防止出现危险。

(15) 若实验时出现意外，则不要慌乱，一切听从老师的指挥。

1. 学校实验室安全事故发生的原因有哪几种？
2. 学生在实验中应如何使用有毒物品？

何杰：见义勇为的外卖骑手

“美团外卖，开始接单了……”2021年12月13日临近中午11点，何杰的手机响个不停。何杰快速查看手机，赶往顾客下单的商家，与商户仔细核对消费者点餐的数量以及顾客备注要求后，以最快的速度准时送到顾客手中。

当他打开保温箱，记者看到，里面放着两个热气腾腾的塑料杯。“现在天气比较冷，把它放在里面，保温效果更好，能保证顾客在冷天也能吃上热乎乎的饭。”何杰说。

何杰于1992年出生于平山县的农村，去年2月成为石家庄市维伯（石家庄）祥隆泰站美团外卖的一名普通骑手，每天穿梭在城市的各个街道。

配送服务站站长杨华说，何杰虽然工作时间不长，性格内向，但为人正直、乐于助人。至今，配送站仍挂着一面感谢何杰的锦旗，上面写着“见义勇为模范骑手，品德高尚人民典范”。

原来，2020年3月17日上午11点左右，何杰正在送单途中，行驶到友谊大街与新石南路路口时，一声叫喊吸引了他的注意力。一位大姐喊着：“那个小姑娘，有人偷你手机。”眼见小姑娘向前追着跑，由于没有交通工具，瞬间被小偷落下了很远。何杰见状，立即骑着电动车朝着小偷逃跑的方向追去，边追边喊：“我报警了，警察马上就来。”在何杰穷追不舍下，小偷随手把手机扔到路边草丛，慌忙逃走了。何杰捡起手机交还给小姑娘岳女士。“当时岳女士说，手机价值1万多元，而且手机里有很重要的资料和珍贵的照片。随后她想加我微信，作为感谢，要转给我1000元。”何杰说，当时并没有想那么多，就是帮个小忙，这钱肯定不能收，而且当时身上有订单马上要超时，他就走了，也没有同意岳女士的好友请求。2020年3月19日，岳女士带着1000元现金和一封感谢信来到站点答谢何杰，被他再次婉拒。2020年3月22日，岳女士送来一面锦旗表示感谢。

“没有别的想法，干好工作就行。”何杰腼腆地说，工作至今，他的顾客投诉率为零。

（资料来源：中工网，有删改）

讨论：

1. 结合材料分析何杰具有哪些精神品质。

2. 你在校园生活中如果看到“伸向同学的第三只手”时应怎样应对？谈谈你对“见义勇为”的看法。

防火篇

——增强防火意识　防止火灾发生

开篇寄语

火是人类的朋友，也是人类的敌人。人们几乎每天都要与火打交道：做饭、烧水、取暖等。而发生火灾的最根本原因是人们的消防安全意识淡薄，缺乏基本的消防安全常识。隐患险于明火，防范胜于救灾，责任重于泰山。

因此，了解、学习和掌握防火知识，协助学校做好防火工作，减少和杜绝火灾的发生，保障自己和大家的人身和财产安全是我们应尽的义务。

育人目标

1. 了解火灾中各种逃生自救的办法，培养自我生存能力。
2. 树立火灾自护、自救的观念，增强安全意识。

第一课 了解火灾的成因及危害

案例引入

某天早上，北京市某学校宿舍发生火灾。北京市消防部门接到报警后，迅速调动4个消防中队、22部消防车赶赴现场。经过消防员的奋力扑救，大火不到一个小时就被扑灭。根据现场勘察和了解到的情况，消防部门初步断定起火是由学生使用“热得快”不当而将水烧干导致的。

知识探究

一、引起火灾的因素

燃烧作为一种发热、发光的化学反应，是人类最早发现和熟悉的化学现象之一。而燃烧一旦在时间和空间上失去控制就会演变为“着火”，由此造成的物质财产损失和人员伤亡等灾难性的事件称为“火灾”。一般来说，引起火灾的原因主要有两个方面：一是自然因素；二是人为因素。

自然因素引起的火灾是由地震、火山爆发、雷击和物体自燃等引发的。自燃现象是在物质内部形成的，往往不易被发现，所以常常酿成大的灾害。自然火灾比较少见，现实生活中的火灾，绝大多数是由于人们用火、用电，使用液化石油气、天然气时，违反操作规程，或玩火、吸烟、纵火等发生的，这类火灾称为人为火灾，主要由以下几方面的原因引起。

1. 家庭用火不慎

人们在日常生活中离不开火，其中最多的是用来做饭、取暖、照明等，使用中稍有不慎，都有可能引发火灾事故。例如，食用油过热着火；倒炉灰不注意致使“死灰复燃”从而引燃柴草等可燃物发生火灾；在野外郊游野炊时，引燃树叶枯草等造成山林火灾、草原火灾等。

因现在大部分家庭都使用煤气、液化石油气和天然气做饭、烧水，所以因生活用气引起的火灾也时有发生。其中，以使用液化石油气而引发的火灾居多，常见的是液化石油气罐减压阀漏气、气管老化漏气遇火源引起火灾。另外，还有自倒罐和乱倒残液遇到火源引起的火灾。

2. 用电不慎

因用电不慎引起的火灾也相当普遍，如电线老化漏电，乱拉乱接电线，用铜丝、铁丝代替保险丝等引起火灾；使用电暖炉、电褥子、电熨斗等不慎引起火灾；使用电视机、电冰箱、空调等家用电器缺乏安全常识，用电超负荷引起火灾；给电动车充电时，不规范用电引起火灾等。

3. 吸烟不慎

吸烟是常见的一种用火现象。吸烟时所使用的打火机或火柴等点火器具都是着火源。烟头虽是个不大的火源，但是，它能引起许多物质着火，尤其在加油站等地点，极易引起火灾甚至爆炸。

4. 照明不慎

随着时代的发展，大多数家庭都是使用电灯照明。当遇到停电时，人们也常用蜡烛照明。此外，个别地区婚事、丧事等也有点蜡烛的习俗。因此，烛火的管理也是预防家庭火灾的重要一环。

5. 儿童玩火

儿童缺乏生活经验，出于好奇心玩火，很有可能因处理不当而引燃周围可燃物发生火灾。据统计，我国火灾总数中儿童玩火引起的火灾次数约占火灾总数的 10%，因此，家长要教育儿童不要玩火，这对减少火灾发生的次数及损失具有重要的作用。

6. 蚊香使用不慎

目前，我国许多家庭仍在使用蚊香进行驱蚊，一支小小的蚊香，点燃时焰心温度高达 700℃左右，稍有不慎就能引起火灾。此外，很多家庭会使用液态电蚊香，若不注意使用时间，不及时断电，也容易引起火灾。

7. 燃放烟花爆竹不慎

我国每年春节期间火灾频发，其中大多数火灾事故是由燃放烟花爆竹所引

起的。

二、认识火灾的危害性

随着现代化工业的发展、城市化进程的加快、国民经济的增长和国民收入的增加，火灾给社会带来的威胁越来越大。古谚说："水火无情。"火灾不仅毁灭了人类通过劳动创造的财富，而且无情地吞噬了许多人的生命，造成了一幕幕人间悲剧。

1. 毁灭物质财富

火灾往往能使人们辛苦创造的物质财富化为灰烬，造成直接和间接的经济损失。

2. 造成人员伤亡

火灾给人类的生命带来严重威胁和损害。现代社会，物质文明高度发达，人口相对集中，火灾一旦发生，造成的人员伤亡数量也会显著增加。

3. 破坏生态环境和社会环境

人类的生存离不开森林、草原、江河湖海，它们在调节气候、涵养水源、净化空气、维持生态平衡、保护人类生存环境等方面具有不可替代的作用。火灾会产生大量有毒有害气体，污染环境，毁坏资源，对生态环境的良性运行造成无法预测的影响。

同时，火灾的发生还会给人类造成精神创伤，影响社会和谐稳定。

三、校园发生火灾的原因

据相关资料统计，历年来校园发生的火灾，原因大体可分为以下几种。

1. 使用明火不慎，引起火灾

（1）违规点蜡烛。

（2）违规点蚊香。

某天凌晨，某市综合福利院发生火灾，造成8名儿童窒息死亡。事故原因是儿童睡着后被褥掉在点燃的蚊香上引起阴燃，产生大量浓烟。

（3）违规烧废物。有的学生在宿舍内烧废纸等，若靠近蚊帐、衣被等可燃物，或火未彻底熄灭人就离开，则火星有可能飞溅到这些可燃物上引起火灾。

（4）违规吸烟。若点燃的烟头遇到易燃物，则会引起火灾。

（5）树林草坪违规用火。秋冬季节气候干燥，在树林草坪中吸烟、玩火、野炊、烧荒，都可能引发火灾。

2. 电气火灾

（1）违规用电。违规乱拉、乱接电线，容易损伤线路绝缘层，引起线路短路和触电事故。

2021 年，某中职生在宿舍内使用电热水壶，插上电源插头后，电源线拖在被子上，人离开宿舍。过了一段时间，线路超负荷，线路发热，绝缘层熔化，造成线路短路起火。

（2）使用电器不当。充电器长时间充电，如果被衣被覆盖，散热不良，那么就会引起火灾。定时供电或停电后再次供电时，若电器未妥善处置，也会引起火灾。

某中职生在宿舍使用电吹风机时突然停电，电源插头未拔，他就离开了宿舍，来电时他又没有回宿舍，导致电吹风机较长时间工作，引起火灾。

看看下面这幅漫画，说说你的看法。

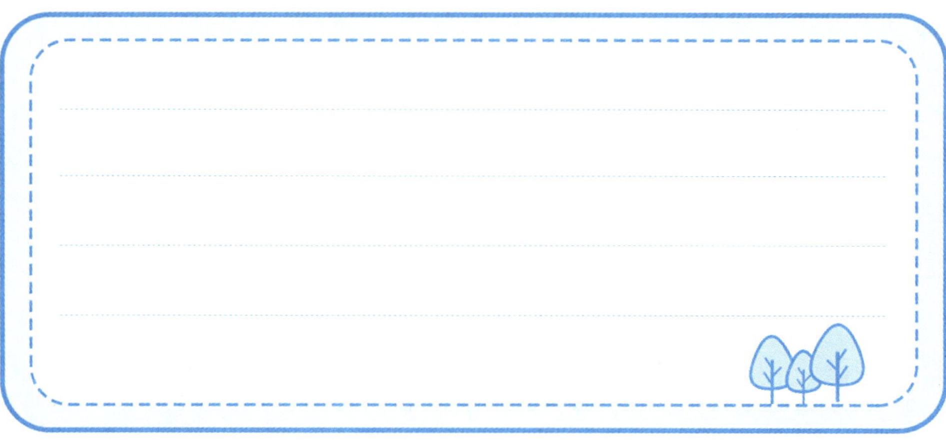

为什么不能乱拉电线？

所谓“乱拉电线”，就是指不按照安全用电的有关规定，随便拖拉电线，任意增加用电设备。乱拉电线存在以下危险。

（1）电线拖在地上，可能会被硬的东西压破或砸伤，损坏绝缘层。

（2）在易燃、易爆场所乱拉电线，缺乏防火、防爆措施，易引发火灾或爆炸。

（3）乱拉电线常常要避人耳目，操作不规范，装线往往不用可靠的线夹，而用铁钉钉或铁丝绑，结果磨破绝缘层，损坏电线。

（4）不看电线粗细，任意增加用电设备形成超负荷，使电线发热、起火等。

这些情况，多数都能造成线路短路、产生火花或发热起火，有的还会导致燃烧爆炸，甚至引起触电伤亡事故。

为了保证用电安全，防止乱拉电线，有关管理部门一般都有如下规定。

（1）用电要申请报装，线路设备装好后检验合格才可通电，临时线路要严格控制，由专人负责管理，用后拆除。

（2）采用合格的线路器材和用电设备。

（3）线路和设备要由专业电工安装，一定要符合有关安全规定。

学以致用

1. 结合身边的案例，说说火灾事故有哪些危害。
2. 看看下面这幅漫画，说说图中的人错在什么地方，谈谈你的看法。

第二课 积极防范火灾

案例引入

2021年除夕夜，某中等职业学校男生宿舍内几个未回家探亲的学生违反学校规定，擅自在宿舍内用液化气做饭。当春节联欢晚会开始时，他们都跑到对面房间看电视，未关闭灶具阀门，结果因时间过长，饭烧煳了，胶管也烧断了，火将灶具、床以及书籍引燃，幸亏楼内的其他学生嗅到气味，将火扑灭。事后，该生受到学校的记过处分，后悔莫及。

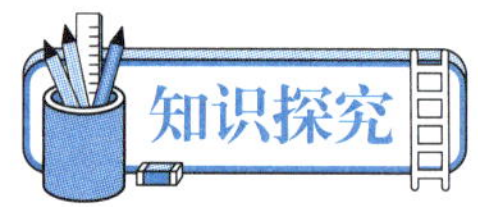

“预防为主，防消结合”是我国消防工作的方针，这一方针使防火与消火紧密结合，争取了同火灾作斗争的主动权。所谓“防”，就是防止、预防火灾；所谓“消”，就是消灭、扑灭火灾。消防工作就是预防火灾、扑灭火灾。预防火灾的发生、创造良好的消防安全环境是全民和全社会的事，涉及千家万户、各行各业，与每个人都有密切的关系。

一、学校防火

（1）禁止在学校使用烟花、爆竹、汽油等易燃、易爆物品（实验室除外）。

（2）实验室用的易燃、易爆物品，要有严格的使用、保管制度。

（3）学校要建立切实可行的消防制度，加强各部门如锅炉房、食堂、库房的防火管理。

（4）学校应组织学生学习消防知识，让学生掌握消防器材的使用方法，熟悉火灾逃生路线，认识消防标志，掌握自救自护方法等。有条件的学校可以进行火灾逃离演习。

（5）学生宿舍不允许使用电暖炉等电热器具，严禁使用明火。

二、公共场所防火

公共场所大都人员密集、财产集中，需要一个安全的环境。为了防止火灾发生，应不携带易燃、易爆物品乘坐公共交通工具或进入公共场所；不随便乱动公共场所和公共交通工具的电气设备；遵守公共秩序，不参与和火有关的游戏活动。

三、山林防火

山林是国家和集体的宝贵财富，一旦发生火灾，损失巨大。造成山林火灾的原因主要有两种，一种是自然因素，另一种是人为因素，而且以人为因素居多。要防止山林火灾的发生，首先，要杜绝人为火种，严格遵守山林管理的规章制度，不在山林地区吸烟、野炊和举行篝火晚会等活动。其次，要采取一定的保障措施，可以在山林周围设置一定宽度的隔离带，防止路人扔烟头等引起火灾；还可以对山林内采伐后的剩余物进行清除，山林采伐后可能会有大量的剩余物堆放或散落在山林内，若不及时清除，则极易引起火灾。

思政元素

元旦假期，森林消防员坚守防火执勤一线守护万家灯火

2022 年 1 月 1 日，甘肃省森林消防总队平凉支队森林消防员在平凉市崆峒古镇开展防火宣传活动。

为做好元旦期间森林防火工作，有效管控人为火源进山入林，最大限度降低火灾风险，应对森林防火工作可能面临严峻的考验，连日来，平凉市森林消防支队分别在甘肃省平凉市、庆阳市同步开展为期两天的“元旦专项防火行动”执勤活动。

执勤期间，森林消防员用通俗易懂的语言向群众阐述防止火灾、安全用火、火灾逃生和紧急避险等相关知识，同时通过装备展示、发放科普宣传用品、群众体验、携装巡护等方式帮助群众进一步了解掌握森林防火和应急科普知识，提升了人民群众和游客的防火意识，树立了森林消防队伍的良好形象。

新年伊始，在这个万家团圆的日子里，森林消防员依然坚守在森林防火的第一线，践行了当好党和人民“守夜人”的铮铮誓言！

反观自我

消防安全教育的工作方针是“预防为主，防消结合”，谈谈你对这句话的理解。

知识拓展

会拨“119”，及时把火灭

某校办工厂生产学生用的作业本，工厂内严禁烟火。有一次，一名工人不小心引燃了堆在门外的下脚料，纸张一下子就烧了起来。王老师和一名同学在校门口看到厂房里浓烟滚滚，迅速到旁边的收发室准备拨打火警电话。进去以后发现工厂的工作人员李大爷已经拨通了“119”，只听李大爷喊了一声：“我们这儿着火了！”就慌慌张张地挂了电话。王老师又赶紧拿起电话重新拨通“119”，然后详细地告诉消防部门学校所在的位置。不一会儿，消防车迅速赶到，及时扑灭大火，没有造成巨大的损失。

如果你发现有地方发生火灾，那么一定要照以下方法去做：

（1）快速拨打火警电话；

（2）告诉消防部门起火的详细地址。

请你学会：

遇见火灾要冷静，快拨电话报火警；

匆忙之中莫忘记，详细地址要说清。

学以致用

联系日常生活中听到或看到的一些火灾事故，想一想为什么校园火灾屡屡发生，我们应该怎样防范校园火灾的发生。

第三课 了解消防器材的配置和使用

案例引入

住在失火宿舍隔壁房间的小钟正在睡梦中，忽然被呼喊声惊醒。她睡眼蒙眬地走出门，只见隔壁的四名女生站在门外哭喊着：“宿舍着火了，快来帮忙灭火！”小钟立刻返回宿舍，叫醒室友，拿起一个盆子往水房里冲。

里面已经有十几个人在接水。小钟和同学们端着一盆盆水就往起火的宿舍里浇。等小钟端着盆子跑第三趟时，已被浇小的火突然大了起来。“我们没有想到对面宿舍的门一开，形成对流，火一下子就大了起来。”“可惜我们不会用消防器材。”一名女生说。

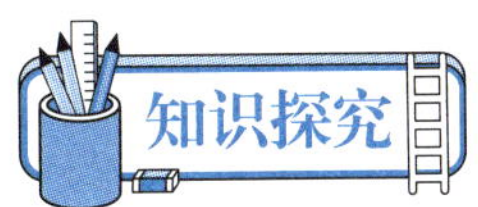

知识探究

了解消防器材的配置和使用

火灾发生初期，火势较小，如果能正确使用消防器材进行灭火，那么就能将火灾消灭在初期，不至于使小火酿成大灾，从而避免重大损失。

通常用于扑灭初期火灾的灭火器类型较多，各种灭火器内装的灭火药剂对不同火灾的灭火效果不尽相同，所以必须熟悉各种灭火器的使用条件。使用时灭火器必须针对火灾燃烧物质的性质进行选择，否则会适得其反，有时不但灭不了火，还会引发爆炸。

灭火器按其移动方式可分为手提式灭火器和推车式灭火器。

一、手提式灭火器

常见的手提式灭火器有手提式二氧化碳灭火器、手提式干粉灭火器和手提式泡沫灭火器。

1. 手提式二氧化碳灭火器

二氧化碳具有较高的密度，约为空气的 1.5 倍。在常压下，液态的二氧化碳会立即汽化，一般 1 千克的液态二氧化碳可产生约 0.5 立方米的气体。灭火时，二氧化碳气体可以排除空气而包围在燃烧物体的表面或分布于较密闭的空间中，降低可燃物周围或防护空间内的氧浓度，产生窒息作用而灭火。另外，二氧化碳从储存容器中喷出时，会由液体迅速汽化成气体，并从周围吸收部分热量，起到冷却的作用。

手提式二氧化碳灭火器适用于扑救贵重设备、档案资料、600 伏以下的仪器设备的火灾。手提式二氧化碳灭火器有两种使用方式，即手轮式和鸭嘴式。

(1) 手轮式：一只手握住喷筒把手，另一只手撕掉铅封，将手轮按逆时针方向旋转，打开开关，二氧化碳气体即会喷出。

(2) 鸭嘴式：一只手握住喷筒把手，另一只手先拔掉塑料扎绳，然后拔去保险销，随后握住喷嘴，对准火焰，将扶把上的鸭嘴压下，即可灭火。

2. 手提式干粉灭火器

干粉灭火剂是由具有灭火效能的无机盐和少量的添加剂经干燥、粉碎、混合而成的微细固体粉末组成。除扑救金属火灾的专用干粉化学灭火剂外，干粉灭火剂一般分为BC干粉灭火剂和ABC干粉灭火剂两大类。如碳酸氢钠干粉、改性钠盐干粉、钾盐干粉、磷酸二氢铵干粉、磷酸氢二铵干粉、磷酸干粉和氨基干粉灭火剂等。它们主要通过在加压气体作用下喷出的粉雾与火焰接触、混合时发生的物理、化学作用灭火。

使用手提式干粉灭火器灭火时，应在距燃烧处5米左右。如在室外，应选择在上风方向喷射，当干粉喷出后，迅速对准火焰的根部扫射。干粉灭火器扑救可燃、易燃液体火灾时，应对准火焰根部扫射，如果被扑救的液体火灾呈流淌燃烧时，应对准火焰根部由近及远，并左右扫射，直至把火焰全部扑灭。如果可燃液体在容器内燃烧，使用者应对准火焰根部左右晃动扫射，使喷射出的干粉流覆盖整个容器开口表面；当火焰被赶出容器时，使用者仍应继续喷射，直至将火焰全部扑灭。

3. 手提式泡沫灭火器

手提式泡沫灭火器适宜扑救油类及一般固体物质的火灾，使用时，可手提筒体上部的提环，平稳迅速地奔赴火场。这时应注意不得使灭火器过分倾斜，更不可横拿或颠倒，以免两种药剂混合而提前喷出。当距离着火点10米左右时，即可将筒体颠倒过来，一只手紧握提环，另一只手扶住筒体的底圈，将射流对准燃烧物。在扑救可燃液体火灾时，若已呈流淌状燃烧，则应将泡沫由远及近喷射，使泡沫完全覆盖在燃烧液面上；若在容器内燃烧，则应将泡沫射向容器的内壁，使泡沫沿着内壁流淌，逐步覆盖燃烧液面。切忌直接对准液面喷射，以免由于射流的冲击，反而将燃烧的液体冲散或冲出容器，扩大燃烧范围。在扑救固体物质火灾时，应将射流对准燃烧最猛烈处。灭火时随着有效喷射距离的缩短，使用者应逐渐向燃烧区靠近，并始终将泡沫喷在燃烧物上，直到扑灭火焰。使用时，灭火器应始终保持倒置状态，否则会中断喷射。

手提式泡沫灭火器应存放在干燥、阴凉、通风且取用方便之处，不可靠近高温或可能受到暴晒的地方，以防止碳酸分解而失效；冬季要采取防冻措施，以防冻结；应经常擦除灰尘、疏通喷嘴，使之保持通畅。

二、推车式灭火器

1. 推车式二氧化碳灭火器

使用推车式二氧化碳灭火器灭火时，一般由两人合作操作，先将灭火器推或拉到火场，在距离着火点 10 米左右处停下，一人快速放开喷射软管，紧握喷枪，对准燃烧处，另一人则快速打开灭火器阀门。

2. 推车式干粉灭火器

使用推车式干粉灭火器灭火时，一般由两人合作操作，先将灭火器推或拉到火场，在距离着火点 10 米左右处停下，由一人取下喷枪，打开喷管处阀门，另一人拔出保险销，并向上提起手柄，将手柄扳到正冲上位置，再对准火焰根部，扫射推进，并注意死角，防止发生复燃。

3. 推车式泡沫灭火器

使用推车式泡沫灭火器灭火时，一般由两人合作操作，先将灭火器迅速推或拉到火场，在距离着火点 10 米左右处停下，由一人施放喷射软管后，双手紧握喷枪并对准燃烧处，另一人则先逆时针方向转动手轮，将螺杆升到最高位置，使瓶盖开足，然后将筒体向后倾倒，使拉杆触地，并将阀门手柄旋转 90 度，喷射泡沫进行灭火。如阀门装在喷枪处，则由负责操作喷枪者打开阀门。

推车式灭火器灭火方法及注意事项与手提式泡沫灭火器基本相同。由于推车式灭火器的喷射距离远，连续喷射时间长，可以充分发挥其优势，用来扑救较大面积的储槽或油罐车等处的火灾。

看看下面这幅漫画，说说你的看法。

火灾分类

按照可燃物的类型、燃烧特性，国家标准 GB/T 4968《火灾分类》规定，火灾分为 A，B，C，D，E，F 六类。

A 类火灾：固体物质火灾。这种物质通常具有有机物性质，一般在燃烧时能产生灼热的余烬。

B 类火灾：液体或可熔化的固体物质火灾。

C 类火灾：气体火灾。

D 类火灾：金属火灾。

E 类火灾：带电火灾。物体带电燃烧的火灾。

F 类火灾：烹饪器具内的烹饪物（如动植物油脂）火灾。

泡沫灭火器一般能扑救 A，B，F 类火灾，当电器发生火灾，电源被切断后，也可使用泡沫灭火器进行扑救。干粉灭火器和二氧化碳灭火器则适用于扑救 B，C 类火灾。D 类火灾则可使用专门扑救可燃金属火灾的干粉灭火器进行扑救。卤代烷灭火器主要用于扑救易燃液体、带电电气设备、精密仪器以及机房的火灾，这种灭火器内装的灭火剂没有腐蚀性，灭火后不留痕迹，效果也较好。E 类火灾可使用专门扑救带电火灾的二氧化碳灭火器。

你知道哪些常见的灭火器？应该如何使用？

第四课　学会火场逃生

案例引人

湖南省某酒店发生特大火灾，死亡12人，伤12人，直接经济损失达79万元。12名遇难者中，3人当场被大火烧死，3人因一氧化碳中毒窒息死亡，还有6人是跳楼后颅脑损伤而亡。年龄最大的51岁，最小的还不到20岁。

在大火中，也有人将窗帘连接起来拴在空调架上后再往下滑，死里逃生。

知识探究

一、火场逃生遵循的原则

火场逃生的原则

火灾的发展和蔓延非常迅速，常常超乎人们的想象。所以，初期灭火行动不能持续较长时间。研究发现，在起火后的3分钟内灭火行动最有效。但是，如果发现火焰已蹿至天花板，或者是在不熟悉的场所发生火灾，则应立即逃离火场。在逃生时，应掌握下列原则。

1. 保持冷静，不要惊慌

火灾现场温度高得惊人，大量的烟雾又会挡住人的视线、刺激人的器官（特别是眼睛和鼻子），容易让人感到恐慌。此时更需要保持冷静，要知道“时间就是生命”，只有沉着冷静，才能想出好的逃生方法，尽快脱离险境。

2. 积极寻找出口，切忌乱闯乱撞

现在的建筑物内一般都标有比较明显的出口标志。例如，公共场所墙壁、顶棚、转弯处设置的“紧急出口”“安全通道”“安全出口”等标志，表示逃生方向的箭头，

事故照明灯，事故照明标志等，都可以引导人们找到逃生路径，撤离火场。

3. 舍财保命，迅速撤离

火灾发生后，应该迅速撤离现场，切忌贪恋钱财和其他私有物品。这些东西只会给逃生带来负担，延误逃生时机。

在火场中，人的生命是最重要的，切忌把宝贵的逃生时间浪费在穿衣或寻找、携带贵重物品上。已经逃离险境的人员，切莫重返险地。曾经发生的火灾中，有人就是为了回着火的房间取钱包而没能再次逃出来。

4. 注意防烟，切莫哭叫

大量的火灾案例证明，烟气是火场上的第一“杀手”。烟气中含有大量的一氧化碳等有毒气体，严重威胁人的生命，同时，火灾发生时特有的高温和缺氧状态等会使人处于更加危险的境地。逃生过程中可以采取下面几种有效的防烟措施和方法。

（1）用湿毛巾或者湿口罩捂住口鼻。实验证明，折叠16层的湿毛巾，除烟率为90%；折叠8层的湿毛巾，除烟率为60%。

（2）如果没有毛巾，则可用身边的手帕、手套、领带、衣服等其他物品代替，然后将其浸湿，捂住口鼻。如果身边没有任何水可用，那么在紧急情况下，可以用尿液代替。

（3）若距离较短，则可以屏住呼吸，一口气跑出去。

（4）在烟气中穿行时，应尽量降低身体高度。如果烟气很浓，则应爬着出去。

（5）不要往起火点上层方向逃生，因为烟气垂直蔓延的速度是人逃生移动速度的3～4倍，这样容易将自己置于后无退路、前无生路的“绝地”。

（6）新鲜空气容易聚集在靠墙的地方，所以逃生时应降低身体高度沿着墙壁爬，这样容易辨清方向，有利于逃生。同时，楼梯台阶之间的拐角处也可能有残留的空气，所以逃生时应脚朝下，倒着向下爬，途中可将脸贴近台阶拐角处呼吸。

（7）切莫哭叫。因为哭叫会增加有毒气体的吸入量，大大增加人们中毒的危险性。

除了这些简单有效的方法，还可以用棉被或较厚的衣物淋湿后披在身上。

5. 互相救助，有序疏散

互相救助是指处于火灾困境中的人员积极帮助他人脱离险境的行为。在火灾现场，如果无组织、无领导，被困人员由于恐慌，极易表现出盲目乱跑，互相拥挤，甚至踩踏等行为，不利于逃生。因此，在火场中，被困人员应采取一种自觉自愿的救助行为，使大家有组织、有秩序地快速撤离火场。例如，当火灾发生时高喊“着火了”或敲门提醒他人，年轻力壮和有行为能力的人在保证自身安全的情况下应积极救人、灭火，帮助年老体弱者、妇女和儿童以及受火势威胁最大的人员先逃离火场，避免混乱现象的发生。

6. 谨慎跳楼，减轻伤亡

在万不得已的情况下，楼层较低的居民可以采取跳楼的方法逃生。即便跳楼也应把握技巧，如先抛下一些棉被、沙发坐垫等松软物品，然后手扒窗台，身体下垂，头上脚下自然下落，以此来缩短身体与地面的距离。根据周围的地形，选择平台、树木、沙土地、水池河畔等地或者打开大雨伞跳下，以减缓冲击力，减轻对身体造成的伤害。徒手跳的要用双手抱紧自己的头部，身体弯曲成一团，这样可以减轻对头部的伤害。

7. 起火不能乘电梯

高层建筑均设有供人们上下楼层的电梯。但是，在发生火灾时，千万不能搭乘电梯逃生。

（1）电梯井直通大楼各层，发生火灾时，烟、热、火容易涌入，烟的毒性或火的熏烤可危及人的生命。

（2）在高温下，电梯会失控甚至变形，乘客易被困在里面，生命安全得不到保障。灭火时，水容易流到电梯内，易使人触电。

（3）发生火灾时，楼内电气线路烧毁或断电，电梯可能会停在楼层中间，人员被困在电梯内很难逃脱，外面的人也不好营救。

二、火场无路可逃时怎样避难

避难是在火场无路可逃时的行为，其方式主要有以下两种。

1. 利用避难间

在综合性多功能的大型建筑物里，一般都会在经常使用的电梯、楼梯、公共厕所附近以及走廊末端设置避难间。发生火灾时，可将短时间内无法疏散到地面的人员以及在火灾期间不容中断工作的人员，如医护人员，广播、通信工作人员等，暂时疏散到避难间。

2. 创造避难间

当建筑物内没有避难间，或逃生之路已被烟火封锁时，应创造避难间。例如，如果房间中的烟雾不大，那么就迅速关闭所有的门窗，然后用湿毛巾等将所有的孔洞堵死，最后向地面洒水降温，并尽量将房间中的可燃物淋湿，以此来创造一个临时避难间。

三、发生火灾如何报警

如果发生火灾，那么最重要的是报警，这样才能及时通知消防人员进行扑救，控制火势，减小火灾造成的损失。因此，我们要学会如何报警。

（1）火警电话号码是“119”。发现火灾，可以打电话直接报警。

（2）报警时，要向消防部门讲清失火的单位或地点，讲清所处的区（县）、街道、胡同、门牌号码，还要尽量讲清是什么物品失火，火势大小。

（3）报警后，最好安排人员到附近的路口等候消防车，指引通往火场的道路。

（4）在没有电话的情况下，应大声呼喊或采取其他方法引起其他人员的注意，协助灭火或报警。

四、校园火灾的扑救方法

每个人都应该掌握逃生和火灾扑救的基本常识，虽不提倡未成年学生直接参与火灾扑救，但对突然发生的比较轻微的火情，同学们也应掌握简便易行的应付紧急情况的方法。

（1）水是最常用的灭火剂，木头、纸张、棉布等起火，可以直接用水扑灭。

（2）用土、沙子、浸湿的棉被或毛毯等迅速覆盖在起火处，可以有效地灭火。

（3）用扫帚、拖把等扑打，也能扑灭小火。

（4）油类、酒精等起火时，不可用水去扑救，可用沙土或浸湿的棉被迅速覆盖。

（5）煤气起火，可用湿毛巾盖住火点，迅速切断气源。

（6）电器起火，不可用水扑救，也不可用潮湿的物品捂盖。正确的方法是先切断电源，再灭火。

（7）学习一些简易灭火器的使用方法。

学完本课，我们了解了许多火场逃生的原则、要诀，想一想如果自己遇到火灾应该怎么办。

火灾中致人死亡的原因

火灾中致人死亡的原因，除特殊情况外，主要有以下四种。

(1) 吸入有毒气体（特别是一氧化碳）。火灾中，一般认为毒性最大的气体是一氧化碳。

(2) 缺氧。由于燃烧，氧气被消耗，因此火灾中的烟有时呈低氧状态。吸入这种烟而造成缺氧，有时可致人死亡。

(3) 烧伤。火焰或热气流大面积损伤皮肤，引起各种并发症而致人死亡。

(4) 吸入热气。如果人在火灾中受到火焰的直接烘烤，那么就会吸入高温的热气，引发气管炎症和肺水肿等而窒息死亡。

怎样做才能在火灾中逃生？

第五课 注意宿舍用电安全

案例引入

宿舍是学生学习、生活的重要场所，同时也是易引发事故的“重灾区”。学生应提高安全责任意识，注意宿舍用电安全，切实保障人身及财物安全，避免安全事故的发生。

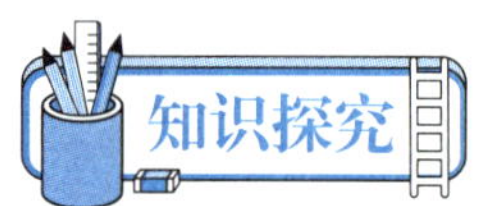

知识探究

一、宿舍失火的原因

宿舍失火的原因主要有以下几方面。

（1）不注意用电安全，在宿舍乱拉电线，擅自使用大功率电器、违规电器、不达标电器，致使电线过载过热起火。

（2）将充电器、接线板等放在枕头下或被褥中，使用电器长时间不断电等导致火灾。

（3）在宿舍擅自使用煤炉、液化炉、酒精炉等引发火灾。

（4）在宿舍吸烟、乱丢烟头、焚烧杂物、玩火等引发火灾。

二、宿舍安全用电常识

（1）了解本宿舍电源总开关、线路布局、限电负荷等情况，遵守用电规章。

（2）严禁用手或导电物去接触、试探电源插座内部。

（3）电器使用完毕后应正确拔掉电源插头，为了保护绝缘层，不要用力拉拽电线。

（4）发现断落的电线不要用手直接去拾。发现有人触电，要设法及时关断电源或用绝缘物将触电者与带电的电器分开，并向宿舍管理人员求救。

（5）用电线路及电气设备必须绝缘良好，灯头插座、开关、接线板等带电部分绝对不能外露。

（6）不要站在潮湿的地面上移动带电物体，不用湿手摸或用潮湿抹布擦拭

带电的电器，以防触电。

（7）在宿舍无人的情况下必须切断所有电源，做到人走灯灭、人走电断。

（8）严禁在宿舍内更改、拆卸、安装用电线路、插座、插头等，也不要把铁钉等硬物凿入墙面，以防发生电线短路使人触电等意外事故。

（9）使用的插座、电线、电器等必须符合安全质量标准，电器安装符合有关规范。

（10）严禁在宿舍、走廊和卫生间等宿舍区内私自拉接电线。

三、宿舍用电注意事项

（1）在使用过程中，若发现充电器、台灯等有冒烟、冒火花、发出焦糊的异味等情况，则应立即关掉电源开关，停止使用。

（2）遇到雷雨天气，要停止使用电器，并拔下电源插座，防止遭受雷击。

（3）使用电脑、电风扇、充电器等用电设备或器材时，要通风、防水、防潮并远离易燃物。

（4）电器使用时间过长会造成险情，使用时要注意让电器适当断电休息，使用完要及时切断电源。若遇到停电，则要拔掉插头。

（5）充电器等长期搁置不用，容易因受潮、受腐蚀而损坏，重新使用前需要认真检查，充电过程中要有人在场。

（6）使用台灯灯具时，放置位置要安全，不要在灯罩上或其附近放置易燃物品，不要让水珠溅到高热的灯泡上。

（7）手机充电时间过长或边充电边使用手机，可能导致手机机身发热，引发燃烧或爆炸事故。

（8）固定式插座只能接一个移动式插座，严禁多个互接；移动式插座必须放在安全的地方，不得靠近被褥、衣服、书本等易燃物品。

（9）当宿舍的公用电器发生故障时，应按程序报有关部门维修，自备电器应由专业人员在断电的情况下进行维修，严禁私自操作。

（10）各种电器用途不同，使用方法也不同，使用前请仔细阅读使用说明书，按照说明书安全使用。

四、宿舍火灾的救护

一旦宿舍区发生火灾，为保全生命，减少损失，大家必须学会开展自救与互救、报警并扑灭初起火灾，以及火场逃生等基本技能。具体火场逃生技能可参考“防火篇”第四课内容，此处不再赘述。

通过学习这一课，你认为宿舍用电需要注意哪些事项？

消防安全警示标志

名称	禁止烟火	禁止吸烟	禁止放置易燃物
标志			
名称	禁止用水灭火	禁止燃放鞭炮	当心易燃物
标志			
名称	火警电话	手提式灭火器	安全出口
标志			

1. 发生火灾时应如何自救？

2. 宿舍发生火灾时，应向谁报警？

思政园地

青春之躯撑起民族脊梁 英雄事迹凝聚奋进力量

“忠烈光辉齐日月，伏火身影耀星河”。2019 年 4 月 5 日 16 时 50 分许，临沂市罗庄区革命烈士陵园迎来了年轻的烈士赵永一。

陵园广场庄严肃穆，上百条白底黑字的横幅、道路两侧林立的花圈、送葬群众手中的一簇簇菊花，寄托着人们对赵永一的哀思。

临沂城区向南，沂河畔边的罗庄区高都街道车辋村，是沂蒙红色文化的发祥地之一。车辋村全村共有 2864 人，其中退伍军人 100 多名，占全村人口的 4%。

1999 年 12 月，赵永一出生于这里，父亲平时打零工，母亲在一个单位伙房里上班。他从小就明白父母的艰辛，表现出异于同龄孩子的懂事和成熟。“从不让父母操心，知道爸妈干活儿忙，他就在家做饭、洗衣服，这些活他都干。”村民赵永利说。

受红色精神的影响，赵永一从小就有一个军旅梦。“《士兵突击》他看了不下 10 遍，也想像许三多一样当一个好士兵。”发小赵浩杰回忆说。

2017 年 9 月，赵永一如愿成为西昌森林消防大队的一名消防员。赵永一的微信签名写着：青春有很多样子，很庆幸我的青春有穿军装的样子。

因为身穿军装，所以转身逆行。“在我看来，赵永一不是在救火，就是在去救火的路上。”发小孙明琛告诉记者，赵永一经常给他们发一些自己救火的视频，救火归来后手指甲里都是灰，洗也洗不掉。“今年大年初一，他执行任务去火场救火，连饺子都没来得及吃。”

尽管又苦又累，但赵永一从未说过任何放弃的话。“他就是喜欢当兵，希望能尽快入党。”好友杨明明说。杨明明是最后见到赵永一的朋友，2019 年 2 月，杨明明和妻子到四川看望赵永一，三人一起吃饭时，赵永一再次提出想入党。“我跟他说，你这么能干，入党是迟早的事。没想到他的心愿竟以这样一种方式实现了。”

2019 年 3 月 31 日凌晨 1:05，杨明明在发小群里收到赵永一的留言：“又出任务了。”2019 年 4 月 2 日，杨明明才知道赵永一所说的任务就是发生于四川凉山木里县的森林火灾。

“以往每次执行完任务，他都会在群里留言，跟大家报个平安，有时候还会录制一段救援任务结束的小视频。”杨明明说，但从此，大家再也收不到他报平安的消息了。

从入伍至今，赵永一一直没来得及休假探亲，也没来得及亲口向父母讲一讲在消防岗位的经历。

车辋村 90 岁的颜振生老人是名退伍军人，得知赵永一牺牲的消息后无比悲痛。“我出生在炮火连天的年代，不得不冲锋陷阵保家卫国。20 岁的赵永一出生在和平年代，在凉山的大火无情蔓延时，也能义无反顾冲进火海。”颜振生说，70 岁的年龄差，隔断的是时间，隔不断的是烙在两代人血脉中的红色印记。

（资料来源：《大众日报》，有删改）

讨论：

1. 结合材料分析赵永一的哪些高尚品质值得我们学习。

2. “红色印记”在文章中哪些地方可以体现出来？

交通篇

——遵守交通规则　争做文明标兵

开篇寄语

汽车是现代社会生活重要的交通工具，人们在享受汽车带来的方便、快捷的同时，也不得不面对交通事故带来的困扰。在交通事故造成的伤亡对象中，青少年占了很大的比重，交通事故是造成青少年意外伤害的最危险的因素之一。

避免交通事故，维护交通安全，不仅是交通管理部门的事，而且也是每个人的事。因此，青少年更应该自觉遵守交通法规，文明行车、行路，确保交通安全。

育人目标

1. 掌握道路交通安全须知，树立安全意识。

2. 自觉接受安全教育、道德教育和纪律教育，养成自觉遵守交通法规的良好习惯。

第一课　维护校园交通安全

案例引入

某中等职业学校一女生李某打着雨伞跑步回宿舍，在经过一个十字路口时，一辆大巴车正好经过，大巴车司机看到有人，急转方向盘，但车尾仍把李某撞飞，经过几十个小时的抢救，李某不治身亡。

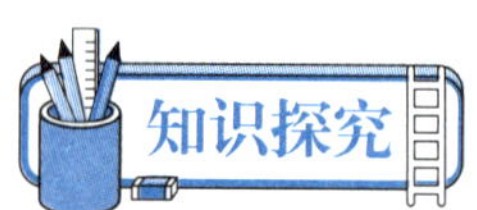

知识探究

校园内易发生交通事故的一个主要原因是，中职生与社会上人员的交往越来越频繁，使校园内人流量、车流量急剧增加。私家轿车、摩托车都很普遍，骑自行车的也很多。而部分校园道路建设、校园交通管理比较滞后，道路比较狭窄，交叉路口没有信号灯管制，也没有专职交通管理人员管理；校园内人员居住集中，上、下课时容易形成人流高峰，致使校园内的交通环境日益复杂，交通事故经常发生。

校园内发生交通事故的另一个主要原因是中职生安全意识淡薄。一些学生缺乏社会生活经验，交通安全意识比较淡薄，有的学生觉得在校园内骑车和行走肯定比在校外道路上安全，容易放松警惕。

校园内发生交通事故的主要形式有以下几种。

(1) 注意力不集中。中职生在走路时看书或看手机，或者左顾右盼、心不在焉。

(2) 在道路上进行体育运动。中职生精力旺盛、活泼好动，有的人在路上行走时也蹦蹦跳跳、嬉戏打闹，甚至有时还在道路上进行体育运动，增加了事故发生的概率。

(3) 骑“飞车”。许多中职生购买了自行车，课间或下课时骑自行车在道路上穿行，节约了来往的时间，但部分学生把自行车骑得飞快，埋下了安全隐患。

反观自我

大多数人都认为校园内没有危险，学完本课，你认为是这样的吗？如果不是，应该怎样加强这方面的宣传、教育？

知识拓展

如何避免校园交通事故？

为了避免校园交通事故的发生，中职生应注意以下问题。

（1）切莫错误地认为校内无危险，要树立交通安全观念，时时提高警惕。

（2）熟悉校内路线、地形，记住容易出事故的地段。

（3）走路留神，见到各种车辆提前避让，防止那些认为“校内可以不讲交通规则”的人意外肇事。

（4）骑车、驾车要低速慢行，复杂地段更要缓慢通过。

学以致用

校园交通事故的主要形式有哪些？

第二课　预防交通事故

案例引入

某日凌晨，陕西省某高速公路服务区附近发生一起特大交通事故，一辆满载旅客的双层卧铺客车与一辆运送甲醇的重型罐车发生追尾碰撞，随后燃起的大火导致客车上36人死亡，3人受伤。

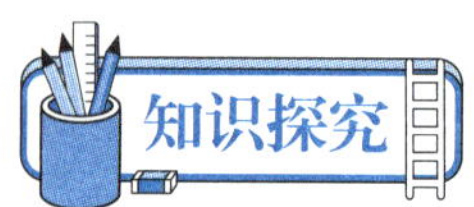

知识探究

一百多年来，全世界葬身于车轮之下的人不计其数。因此，人们称交通事故是马路上的“战争”。

一、交通事故的含义

交通事故是道路交通事故的简称。道路交通事故是指车辆驾驶员、行人、乘车人以及其他在道路上进行与交通有关活动的人员，因违反《中华人民共和国道路交通安全法》和其他道路交通管理法规、规章或过失造成人身伤亡或者财产损失的事故。

二、交通事故的特征

交通事故的发生不分时间、不分地点，从交通事故发生的情况分析来看，交通事故有以下特征。

交通事故的特征与原因

1. 交通事故具有突发性

无论对交通事故的一方、双方、多方，还是对他们的亲属及工作单位来说，事故都是突发性的，毫无思想准备，特别是给亲属造成的突如其来的打击、伤害极大。

2. 交通事故涉及面广

在交通事故中每死伤一人，一般都直接或间接地涉及和损害5～6个家庭。

3. 交通事故具有极强的社会性

无论什么人，只要有交通活动，就存在死伤于交通事故的可能性。

4. 交通事故险情具有频发性

每个机动车驾驶员每天都要遇到许多险情，如果险情处理不当，那么就有可能发生交通事故。

三、交通事故发生的一般原因

1. 驾驶人员违章驾驶或精神不集中

驾驶人员违章驾驶常常是造成交通事故的主要原因，例如，在不应该或不允许超车的地方强行超车，超车不提前鸣笛，前车尚未示意让路就超车等。

行车过程中精神不集中也是造成交通事故的重要因素，如因家庭、工作等不顺心而思虑，因受某种刺激而过度兴奋或沮丧，在行车时吸烟、吃东西、与坐车的人谈笑或听收音机，因道路较熟而麻痹大意等，都能使驾驶人员精力分散，从而造成事故。

2. 酒精及药物对驾驶能力的影响

（1）酒精对驾驶能力的影响。酒精会使大脑高级神经紊乱，从而破坏人们正常的生理机能，所以酒后开车所造成的交通事故在世界各国都占有相当比重。我国交通法规中明确规定严禁酒后开车。

（2）药物对驾驶能力的影响。有些药品对中枢神经系统有直接作用，从而对人体产生各种效应，如困怠、嗜睡、昏迷等，以致影响驾驶能力。例如，有的驾驶人员由于失眠而深夜服用安眠药，早晨又要早起驾车，药品的作用还未消失，致使驾车途中精神不佳、犯困打盹，很容易造成行车事故。又如，有的驾驶人员因疾病或其他原因而服用一些对神经系统有麻醉作用的药品，也可能影响驾驶能力。

思政元素

亳州市交警走进市黉学中学开展“交通安全开学第一课”

2022 年 2 月 16 日上午 10 点，亳州市交警一大队汤王中队走进市黉学中学，为学生们开展了“交通安全开学第一课”。

中队长刘振带领民辅警，将交通安全宣传车开进校园操场，为该校学生讲解交通安全常识，带领学生认识常见的交通信号牌，引导学生了解并体验机动车视野盲区，开展“一盔一带”主题交通安全示范课；刘振以案说法，通过图文、视频方式进行现场宣讲，为学生们讲解交通安全知识及注意事项，示范正确佩戴头盔的方法，呼吁在座的学生们在出行途中要正确佩戴头盔，按规定系好安全带。学生们不仅听得认真，互动得也十分积极，全场掀起了学习交通安全知识的浪潮。

此次“交通安全开学第一课”活动，将交通安全意识深植在学生们心中，种下了安全、文明出行的“种子”，为创建文明城市打下了基础。

3. 车辆技术性能不好

车辆的技术性能主要指车辆的结构、性能、强度等。经常出现故障的关键部位和系统主要有制动系统和转向系统，这些关键部位如出现故障，常常会造成行车事故。

4. 视野死角

所谓视野死角，是指在视力范围内，因障碍物而看不到的地方。在以往发生的交通事故中，有一部分是因驾驶人员与行人未警惕视野死角而发生的。

5. 道路状况不良或缺少道路安全措施

道路状况不良是导致交通事故的潜在因素。道路状况主要指道路的线形、道路转弯半径的大小、道路的坡度和路面宽度、路基和路面等。

道路安全措施主要有交通标志、信号灯、路面标线、照明、安全岛、安全护栏、隔离栏栅等。在急弯、窄路、陡坡、交叉路口和铁路道口等应设置警告标志，在禁止超车处、禁止掉头处、禁止鸣笛处等应有相应的禁令标志。在限重、限速、限高、限宽处也应有明确的限令标志。应有的交通标志和设施没有或不全，容易造成行车事故。

6. 自然条件和其他因素的影响

风、雪、雾等恶劣气候条件致使道路状况恶化、视线不良等，也容易造成交通事故。在遇到较为严重的自然灾害，如地震、洪水、暴风雨等时，车辆失去控制，更容易造成行车事故。另外，行人和驾驶非机动车辆的人不遵守交通规则也是造成交通事故的重要因素。

在行车过程中意外事故也是常有发生的，例如，听力障碍者听不到鸣笛声而不知让路，有精神障碍的人突然奔向车前等，都可能造成交通事故。

四、交通事故自救常识

如果你乘坐的汽车发生交通事故，则应迅速抓住车内固定牢靠的物体趴下，或在座位上尽量低下头，使下巴紧贴前胸，并把双手后伸交叉抱住头部，以避免事故发生时因猛烈撞击伤害自己的头部和颈部；若遇到翻车或坠车时，则应迅速蹲下，紧紧抓住前排座位的座脚，身体尽量固定在两排座位间，随车翻转。

当被汽车剐倒、撞倒后，千万不要乱动；如果有创伤出血发生，则应立即用洁净的布、手绢或卫生纸等压住伤口包扎止血；如果骨折，则不要盲目移动；当行人、医务人员赶来时，要及时告知自己可能受伤的部位，以免在搬抬过程中使受伤部位病情加重。遇到救助人员，你如果意识清醒的话，则应告诉对方自己的姓名、所在学校、家长姓名、联系电话等。

无论自我感觉多好，出了交通事故后，都一定要及时到医院检查。有的青少年在交通事故中被碰伤了，主观上感觉问题不大，就不去医院检查了，这是不正确的。因为，一方面，人的耐受力不同，有的人即使产生线状裂纹骨折痛感也不强，故认为问题不大；另一方面，事故中有些损伤，如脑血肿，一开始人体只有轻微的感觉，随着时间的推移，症状会逐渐加重，甚至会因脑疝而死亡。因此，在交通事故中受伤之后，应该及时去医院做系统的体检，以免延误治疗的最佳时机。

结合身边的案例，说说交通事故有哪些危害。

如何识别交通标志

交通标志是用形状、文字、符号和颜色等，按照国家规定的标准而制成的指示牌，立于相关位置为机动车驾驶员和行人指示有关交通信息，旨在加强交通管理，确保交通安全。交通标志分为指示标志、警告标志、禁令标志、指路标志、旅游区标志、道路施工标志和辅助标志等。

交通标志属于安全色标之一，与颜色关系密切，因为交通标志中的颜色具有安全技术的含义，交通标志正是利用颜色的不同特征，表达禁止、警告、指令和提示等不同含义的安全信息。我国在制定交通标志时使用的安全色标准与国际上是一致的，交通标志以红、黄、蓝、绿四种颜色分别表达禁止、警告、指令和提示的意思。具体情况如下表所示。

安全色的含义和用途

颜色	含义	用途
红色	禁止	禁止标志、停止信号
	停止	紧急装置（机器、车辆上的紧急停止手柄或按钮），禁止人们接触的部位
	表示防火	消防器材及其位置
黄色	警告注意	警告标志，警戒标志（如危险范围的警戒线、车行道），中心隔离线
蓝色（须与几何图形同时使用）	指令，必须遵守的规定	指令标志（指引车辆、行人行进方向的指令）
绿色	提示，安全状态，通行	提示标志（为了与道路两旁的绿色树木区分，交通提示标志用蓝色），行人和车辆通行标志，安全防护设备及其位置

1. 什么是交通事故？它有哪些特征？
2. 如果遇到交通事故，我们应如何自救？

第三课　学会安全行走

案例引入

某天俞某驾驶大客车自东向西行驶至某医院附近时，仲某由南向北从大客车的车头前快速跑步横穿马路（距此不远处的广场就有人行横道），俞某发现后采取紧急制动，但还是将仲某撞出去七八米远。仲某经医院抢救无效死亡。

知识探究

走路是基本的交通活动，对中职生来说也是如此。从家到学校，从校内到校外，其间的交通安全涉及中职生的健康及中职生家庭的安宁与幸福。

行人交通事故预防的要点如下。

（1）行人上街要走人行道，不要走车行道，要遵守车辆、行人各行其道的规定，借道通行时，应当让在其本道内行驶的车辆或行人优先通行。

（2）行人通过装有信号灯的人行横道时，必须遵守信号灯的规定：绿灯亮时，准许行人通过；黄（或绿）灯闪烁时，不准行人进入人行横道，但已进入人行横道的，可以继续通行；红灯亮时，不准进入人行横道。

注意：即使信号灯已经变成绿色，也应看清左右的车辆是否停稳，确认停稳后再通过。

（3）横过街道和马路要走人行横道，不要斜穿或猛跑。

①行人横过街道和公路时，应站立在路边，看清来往车辆后，选择离自己最近的人行横道通过。通过时，须先看左右方向是否有来车，确认来车距离远、无危险后才能通过。

②行人横过道路时，不要突然改变行走路线、突然猛跑、突然往后退，以防来往车辆驾驶员措手不及，发生危险。

③横过同方向有两条以上机动车道的道路时，要十分注意驶近或停下的车辆旁边是否还有车辆驶来，没有看清时不要冒险行走。

④横过未设人行横道的乡镇街道或公路时，要看清左右有无来车，千万不要奔跑，不要同来车抢道。

（4）设有人行过街天桥或地下通道的地方，行人过街要走过街天桥或地下通道，不要横穿街道和马路。

（5）列队横过车行道时，每横列不准超过两人，队列须从人行横道迅速通过，没有人行横道的，须直行通过；必要时长列队伍可以暂时中断通过，待车辆过去后，再继续通过。

（6）不要在道路上爬车、追车、强行拦车、抛物击车或在道路上做躺卧、纳凉、玩耍、坐卧及进行其他妨碍交通的行为。

（7）禁止钻爬、跨越、翻越、倚坐人行道与车行道间的护栏和隔离墩，更严禁破坏护栏、隔离墩及其他交通设施如信号灯、交通标志、标线等。

（8）不要进入高速公路、高架道路或者有人行隔离设施的机动车专用道。

（9）学龄前儿童应当由成年人带领在道路上行走；高龄老人上街最好有人搀扶陪同。

反观自我

学完本课，想一想，对于行人交通事故的预防要点，自己做到了哪些，还需要在哪方面加强注意。

知识拓展

人行横道

你是否曾经有过这种经历：行经交叉路口时，面对来来往往的车子，不知道如何通过马路，好像整个路面都没有你行走的空间。

但是如果路面上画有一条条白色线段平行延伸到马路的对面，那么只要你行走的方向是绿灯，你就可以快步通过，横向车道的车辆都会停下让你通行，而这白色的线段就称为“人行横道”或“行人穿越道线”。

“人行横道”一般都设于交叉路口，并衔接车道两旁的人行道，让行人穿越。由于每段白色实线互相平行，因此又称之为“枕木纹行人穿越道线”。

而在较长的路段中，为了便于行人穿越，也常画设平行内插斜纹线的穿越道，称之为“斑马纹行人穿越道线”，以区别于交叉路口的“枕木纹行人穿越道线”，提醒驾驶员应特别提高警觉，注意行人穿越。

学以致用

行人应怎样横过城市街道或公路？

第四课 遵守骑自行车的规范

案例引入

一辆装载土石子的自卸大货车在转弯过程中与相向行驶的自行车发生猛烈碰撞，造成两名骑自行车的青少年死亡。

知识探究

自行车轻便灵活，是外出理想的交通工具，从家到学校，从校内到校外，或在校园内的活动，很多同学都选择骑自行车这种交通方式。但是在城市交通事故中，很多是机动车撞倒骑车人，从而导致骑车人伤亡的。在交通行车中，同机动车相比，骑车人总是处于弱势地位，因此，骑车人更应自觉遵守交通法规，文明行车，确保交通安全。

一、骑自行车注意的要点

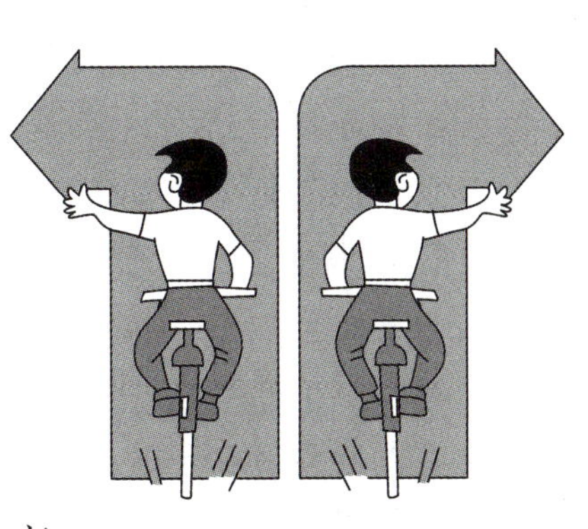

（1）学习、掌握基本的交通规则。

（2）要经常检修自行车，保持车辆完好。

（3）自行车的大小要合适，不要骑儿童玩具车上街，也不要骑太大的车。

（4）不要在马路上学骑自行车。

（5）骑自行车要在非机动车道上靠右侧骑行，不逆行；转弯时不抢行猛拐，要提前减慢速度，看清四周情况，以明确的手势示意后再转弯。

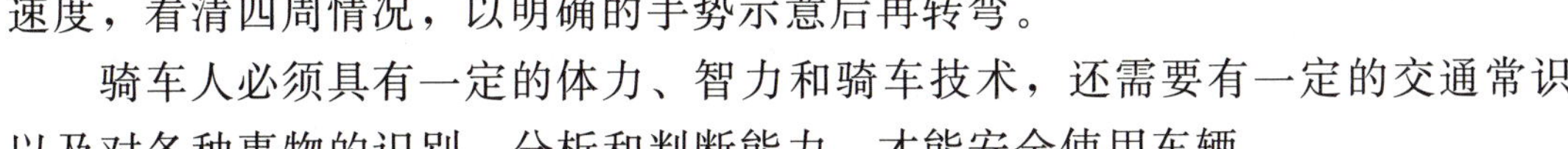

骑车人必须具有一定的体力、智力和骑车技术，还需要有一定的交通常识以及对各种事物的识别、分析和判断能力，才能安全使用车辆。

二、自行车交通事故预防要点

骑车人应自觉遵守交通法规，文明行车、行路，确保交通安全，坚持做到“十要”“十不要”，养成良好的骑车习惯。

1. 骑车“十要”

一要熟悉和遵守道路交通管理法规。

二要骑大小合适的车。

三要了解车辆性能，做到车辆的车闸、车铃等齐全有效。

四要在规定的非机动车道内骑车。

五要依次行驶，按规定让行。

六要集中精神，谨慎骑车。

七要在转弯前减速慢行，向后瞭望，伸手示意。

八要按规定停放车辆。

九要听从交警指挥，服从管理。

十要掌握不同天气的骑车特点。

2. 骑车“十不要”

一不要闯红灯，或推行、绕行闯越红灯。

二不要在禁行道路、路段或机动车道上骑车。

三不要在人行道上骑车。

四不要在大中城市市区内骑自行车带人。

五不要双手离把、扒扶其他车辆或手中持物。

六不要牵引车辆或被其他车辆牵引。

七不要扶身并行、互相追逐或曲折竞驶。

八不要擅自在非机动车上安装发动机。

九不要争道抢行、急转弯。

十不要酒醉后骑车。

反观自我

看看下面这幅漫画，谈一谈你是怎么理解的。

知识拓展

弯道骑车方法

转弯时骑车速度一定要放慢。跟洗衣机以离心力把水分脱离掉的原理一样，转弯就是离心力把身体向外拉。转弯半径越小，或速度越快，离心力就越强，所以，骑车人应注意减速至能够正常转弯为妥。

（1）转弯前开始减速。转弯前充分减速，减至不以离心力向外拉为止。

（2）倾斜角顺着弯度。转弯时，车身需配合人的身体做倾斜转弯。倾斜角度太大时，轮胎会滑动，有摔倒的危险。

（3）弯道中注意刹车安全，急刹车是很危险的。

学以致用

1. 说说日常生活中骑车人的哪些行为违反了交通法规，说说它们都有什么危害。

2. 骑车应该注意哪些要点？

第五课 注意乘坐交通工具的安全

案例引入

2018年10月28日，乘客刘某在乘坐公交车过程中，因坐过站与正在行驶中的公交车驾驶员冉某发生争吵直至互殴，造成车辆失控，致使车辆与对向正常行驶的小轿车撞击后坠江，造成重大人员伤亡。

一、乘坐机动车的安全

随着现代城市的发展，机动车的数量越来越多，安全事故也越来越多。如果自己没有机动车，那么外出就需要乘坐公交车、出租车等交通工具。乘车人特别是青少年如果不注意自己的不安全行为，不仅会给他人带来不便，甚至可能会危及自己或他人的安全。

乘坐机动车的安全

（1）乘坐公交车时，要依次候车，待车停稳后，先下后上；不要在行车道上或道路中间等不准停车的地方拦出租车；不携带易燃、易爆等危险品乘车；在机动车行驶过程中，头、手不要伸出窗外，手应抓牢车上固定的物体；不得向车外吐痰、抛撒物品等，不得有影响驾驶员安全驾驶的行为。

（2）公交车到站时，有很多人为了在车上抢到好的位置或是赶着下车去办急事而发生争抢或推挤，这样很容易对自己或他人造成伤害。所以，上下公交车时应等车靠站停稳，先让下车的乘客下车，再按次序上车。下车时，要依次而行，不要硬推硬挤。若乘车途中发生紧急情况，逃生办法如下。

①乘客要有意识地往车厢后半部走，向车后门位置挪动，更易于逃生。②一旦车门无法正常打开，靠近车门的乘客可拉开车门上方的红色紧急开关，打开车门逃生。③离车门有一定距离的乘客，可使用安全锤按照车窗上的安全锤敲击位置示意图敲击车窗上相应的部位，敲碎玻璃逃生。如果没有安全锤，那么其他硬物也可用来敲碎玻璃。实在找不到工具时，可以用衣物包住脚，扶着座椅靠背，用脚掌用力蹬车窗玻璃，记住是蹬，不是踢。

（3）乘坐出租车时，必须在车辆停稳后，确认无行人、自行车或电动车靠近，再开右侧车门下车，如果需要开左侧车门，应先观察确认安全后再开车门下车，以防后面来车而发生危险。下车后应随即走上人行道。需要通过车行道的，应从人行横道上通过；千万不能在有车行驶的车行道上急穿，这样很不安全。

(4) 乘坐长途汽车时，在上车前就要留心观察汽车的安全状况，如果发现车况太差，那么就不要乘坐。尤其是途中有高速路段的，更要注意选择性能良好的定点班车。如果在乘车途中发现司机超速超载、违章操作，或旅客携带违禁物品，则应予以干涉和制止，维护自己和他人的权益。若制止无效，则可要求换车或拨打“110”“122”报警。

(5) 小组或班集体外出活动，要有老师带队，选择信誉好的客运公司，并核实驾驶员的资格证件，一旦发现驾驶员无驾驶证或饮酒、过度疲劳等妨碍安全行车的现象，应拒绝乘坐该车。切记不要集体乘货车出游，不要乘坐超载车。

二、乘火车的安全

除汽车外，火车也是人们出行时主要的交通工具，火车出行既经济实惠，又方便快捷。中职生掌握一些乘火车的安全知识是很有必要的。

(1) 站台候车时的安全。在站台候车时，必须站在一米线以外，以免不小心掉下站台或被通过的列车擦伤、撞伤。列车的惯性特别大，发生事故时不容易立即停止，从而导致严重的后果。

(2) 上车前应该接受安全检查，这是为了避免乘客携带易燃、易爆及有毒等危险物品上车。万一危险品被携带上车，火车高速行驶时，会使这些物品震荡、摩擦，可能导致燃烧、爆炸等重大事故发生。同时，国家对旅客携带的具有危险性的生活用品也有严格规定，旅客应按规定执行。

(3) 上车时必须在列车员和站台组织人员的安排下，有序排队上车，不要拥挤，以免挤伤，或因拥挤掉下站台摔伤。

(4) 尽管车站安检工作很仔细，但还是难免有疏漏的地方。当发现车上有可疑的易燃、易爆、有毒物品时，不要轻易用手去触摸，要远离它，并及时向乘警报告。

(5) 不要在车厢内吸烟，这样不仅会影响其他旅客的健康，还可能引起火灾，火车速度快，火势不易控制，极易造成重大伤亡事故。高铁动车组全列禁止吸烟，根据《铁路安全管理条例》《限制铁路旅客运输领域严重失信人购买车票管理办法》，在动车组列车上吸烟或在其他列车的禁烟区域吸烟，由公安机关责令改正，对个人处500元以上2000元以下的罚款甚至行政拘留的处罚，并限制此类失信行为旅客乘坐铁路旅客列车。

一般来说，火车发生事故的概率不大，发生事故时，应该做到以下几点。

(1) 用锤尖敲击车窗四个角的任意一角近窗框位置，如果是带胶层的玻

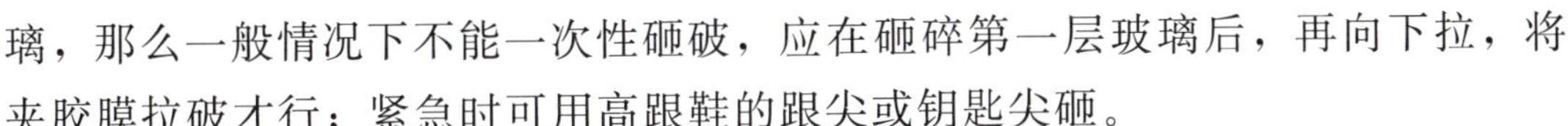

璃，那么一般情况下不能一次性砸破，应在砸碎第一层玻璃后，再向下拉，将夹胶膜拉破才行；紧急时可用高跟鞋的跟尖或钥匙尖砸。

（2）趴下来，抓住牢固的物体，以防被抛出车厢。

（3）低下头，下巴紧贴胸前，以防头部受伤。

（4）若座位不近门窗，则应留在原座，保持不动；若接近门窗，则应尽快离开。

（5）火车出轨向前行进时，不要尝试跳车，否则身体会以全部冲力撞向路轨，还可能遇到其他危险。

（6）经过剧烈颠簸、碰撞后，火车不再动了，说明火车已经停下，这时应迅速活动一下自己的肢体，若肢体有受伤则应先进行自救。一般来说，紧靠机车的前几节车厢出轨、相撞、翻车的可能性大，而后几节车厢的危险性小一些。车厢连接处是最危险的地方，故不宜停留。

（7）火车停下来后，不要贸然在原地停留观察，车厢极有可能起火爆炸。可将装在紧急物体箱内的锤子拿出来，打破窗户爬出去或采取其他方式打碎玻璃逃离车厢。

（8）若路轨通电，则不要走出火车，除非乘务员告知已经切断了电源。

（9）离开火车后，应马上通知救援人员。

三、乘船的安全

我国水域辽阔，人们外出旅行时，会有很多乘船的机会。船在水中航行，会遇到风浪等危险。在我国南方的不少地区，很多学生需要乘船上下学，因此，乘船安全需要引起重视。

（1）不乘坐无证船只。

（2）不乘坐超载船只。

（3）上、下船要排队按次序进行，不得拥挤、争抢。

（4）天气恶劣时，应尽量避免乘船。

（5）不在船头或甲板等位置打闹、追逐，以防落水。不拥挤在船的一侧，以防船体倾斜，发生事故。

（6）船上的许多设备都与确保安全有关，不要乱动，以免影响正常航行。

（7）夜间乘船，不要用手电筒向水面、岸边乱照，以免引起误会或使驾驶员产生错觉而发生危险。

四、乘飞机的安全

随着人们生活水平的提高，无论是远程还是近程，乘坐飞机的人越来越多。为了保障出行安全，我们要提高乘坐飞机的安全意识，掌握乘坐飞机的安全知识。

（1）登机时看清紧急出口。旅客登机时，看清并记牢自己的座位与紧急出口的距离，发生意外时，先回忆紧急出口的位置，不要盲目跟随人流跑动。注意观察过道内的荧光条，仔细辨认紧急出口的位置。黑暗中，有光的地方往往就是逃出飞机的通道。

（2）褪去身上的坚硬物品。如果乘务组已经发出了迫降预警，那么一定要确认安全带是否扣好系紧。从发出迫降预警开始，乘务组便会向旅客发出指令，一定要听从指挥，不要擅自行动。有组织的逃生比相互拥挤、争抢获得生存机会的概率更大。为了避免外物对飞机应急滑梯造成损害，需脱掉高跟鞋，摘掉发簪等尖利物品及眼镜等易碎物品。丝袜等易燃物品也要及时褪去，以防止被火烧伤。

（3）用湿手帕捂住口鼻。发生意外时，要避免吸入有害气体，并赶在火势严重前逃离。一旦飞机迫降后起火，浓烟便会在短时间内弥漫机舱，保护好口鼻，避免直接吸入有害气体，是最关键的处置方法。在航程开始后，空乘人员会向旅客分发餐前的湿纸巾，不要将它丢掉，因为湿纸巾可以过滤掉一些有害气体，延长逃生时间。

（4）逃离飞机后迎风快跑。若你成功逃离失事的飞机，则应迎风快速逃离现场。飞机发生意外时，往往伴随浓烟、失火甚至爆炸，浓烟和火焰会随着风势蔓延。因此，顺风跑动的幸存者可能会受到二次伤害。逃离飞机后，旅客应该判断当时的风势，尽可能地远离飞机，确保安全。

反观自我

乘坐交通工具大大方便了我们的出行，想一想，平时我们乘坐交通工具时，是否注意了安全乘坐的要点。

知识拓展

安全带正确使用须知

国内一项调查资料显示，在交通事故中，驾驶员及前座乘客“系好安全带”与“未系安全带”的伤亡比率为1∶7，此数据充分证明了系安全带的重要性。可是，如果不能正确地系好安全带，那么安全带也起不到应有的作用。所以，要特别注意安全带的正确使用方法。

（1）肩带需绕过肩部，并越过胸前，不可绕过臂膀下方，否则安全带无法发挥应有的功能。

（2）检查安全带是否有扭绞或破损现象。

（3）按正确使用方法系好安全带后，再以身体往上急冲的动作确认安全带的功能是否正常。用手或身体平行缓慢地拉动安全带，并不能有效地测试安全带的功能。

（4）不是只有在高速公路上行驶时才应系安全带，为了自身安全，应一上车即系好；尤其是在快速道路或郊区等地方行车时，更应该系好安全带。

学以致用

1. 说一说乘车时应该注意哪些问题。

2. 如果车厢内发生意外事故需要紧急疏散，你应该采取什么办法离开现场？

思政园地

车祸现场，身怀六甲的“80后”女司机勇救伤者

2020年6月2日下午，怀孕5个多月的潘磊，开车来到徐州市云龙区黄山社区卫生服务中心给未出生的孩子办理相关手续。大约13:40分，她突然听到车外“轰”的一声巨响，紧接着传来路人的尖叫声。她马上起身下车，看到一个大爷趴在路中间一动不动，周围都是血迹，一辆白色轿车翻倒在路上，距那位受伤的大爷不远处还有4名伤者。潘磊迅速上前处置伤者，经过初步检查，那位趴在马路中间的大爷伤势最重，已经出现意识不清的状况，于是她迅速拨打120急救电话。想到随着越来越多的人员聚集，可能会对交通造成拥堵，阻碍救护车迅速到场，她又立刻拨打110报警电话，请求他们尽快赶到事发地点。

潘磊一边打电话一边蹲下身子检查伤者的脉搏和呼吸，确认老人生命体征平稳，才稍稍放下心来。她同时紧急召集社区医院的医生、护士，一起对大爷受伤的头部进行包扎止血，并解开老人的衣服查看是否出现胸骨骨折。事发路段车流量较大，为防止伤者发生二次伤害，她主动站在伤者的外侧提示过往车辆。此时，一位好心的路人焦急地对她喊：“你都怀孕了，不要站在外面，快进来，注意安全！”但她依然坚持用身体守护伤者，一直到救护车把伤者全部接走，她才拖着疲惫的身躯来到黄山社区卫生服务中心办理手续。下午，驾车返回单位后，潘磊一直牵挂着伤者的情况，多次打电话到医院了解伤者的救治情况，得知伤者均无生命危险后，她悬着的心才放下来。

炎热的高温下，潘磊身怀六甲跪地救人的英勇事迹受到了围观群众及救护人员的赞誉，并被路人拍成视频发到朋友圈。此后，“最美女司机”的雅号不胫而走。

（资料来源：《现代快报》，有删改）

讨论：

1. 结合潘磊的例子分析遇到紧急交通事故应该怎么样处理？是先救人还是保护现场？

2. 我们应如何有效避免交通事故的发生？

——温馨和睦家庭　杜绝事故伤害

安全是家庭幸福的保障。中职生很多时间是在家中度过的，家庭的安全是中职生平安、健康成长的重要保证。“我的家真的足够安全吗?”越来越多的家庭表示了这样的担心。用电不当、饮食不健康、诈骗等都有可能引发危机，各种惨剧也不断地出现在各大媒体上。因此，我们应该掌握基本的家庭安全常识，杜绝事故伤害。

育人目标

1. 了解家庭安全隐患，掌握家庭安全必备知识，学会保护自己。

2. 认识家庭安全的重要性，与家庭成员共同遵守家庭安全常识，维护好家庭安全，养成良好的生活方式和行为习惯。

第一课 警惕电器杀手

案例引入

某天晚上，赵先生到父母的住处看望他们。进屋后发现 70 岁的父亲和 69 岁的母亲双双倒在卫生间身亡。警方进入现场勘查，发现赵母右手指有电击痕迹，分析认为，赵母在洗澡时遭到电击，赵父应声赶来搭救，由于不了解用电知识，也不幸触电身亡。

知识探究

一、日常安全用电须知

电是现代社会不可缺少的动力来源，文明生活离不开电力。但电的使用有其两面性：使用得当，电能给人们带来很大的益处；使用不当，则会造成很大的危害。因此，掌握基本的安全用电知识非常重要。

（1）不要用湿手或湿脚接触开关、插座和各种电器电源接口，更不要用湿布擦电器。

（2）移动电器时必须切断电源。

（3）每件电器单独用一个插座，不要若干电器共用一个多用插座，以免互相影响，发生危险。

（4）发现电器冒烟或闻到异味时，一定要迅速切断电源，进行仔细检查。

（5）电器使用完毕，要及时切断电源。雷雨天最好不要使用电器，并且拔掉各种电源插头。

（6）发现电线破损时，要及时更换或用绝缘胶布包扎好。

（7）在使用家电产品时，应先阅读使用说明

书，尤其要读懂注意事项，弄清所有按钮的用处及具体操作程序后，再接通电源。

（8）手机充电时不要打电话，以免引起火灾。

（9）在使用电熨斗类的电器时最好不要离开，以免引起火灾。

（10）严禁私自打开公共变、配电室和居民楼内的电箱，以免发生事故。

（11）在户外发现电线断线、落地时，不要靠近，应就近及时报告电力部门。

二、触电后如何急救

发现有人触电后，切不可盲目救助伤员，如果伤员得不到正确的救治，那么可能会导致更为严重的后果。因此，我们有必要了解一些紧急救护知识。

（1）发现有人触电后，应立即切断电源，或用不导电物质（如干燥的木棒、竹竿等）使伤员尽快脱离电源。

（2）脱离电源后，应将触电者迅速移到通风干燥的地方仰卧，将其上衣和裤带放松，观察有没有呼吸；摸一摸脖子上的动脉，看有没有脉搏。

（3）若触电者呼吸、心跳均停止，应立即实施急救，交替进行口对口人工呼吸和胸外按压，并打电话呼叫救护车。

（4）尽快将伤员送往医院，并注意运送途中不可停止施救。

用电不当非常危险，在日常生活中，应该怎样注意用电安全？

识别安全用电标志

（1）红色：表示禁止、停止和消防，如信号灯、信号旗以及机器上的紧急停止按钮等。

（2）黄色：表示注意危险，如“当心触电”“注意安全”等。

（3）绿色：表示安全，如“在此工作”“已接地”等。

（4）蓝色：表示强制执行，如“必须戴安全帽”等。

（5）黑色：表示图像、文字符号和警告标志的几何图形。

1. 如果发现附近有电线掉落，你该怎么办？
2. 当发现有人触电倒地时马上将他扶起，这种做法对吗？为什么？
3. 在日常生活中，应该怎样使用电器？

第二课 注意饮食安全

案例引人

某中等职业学校学生在家帮母亲做饭，择完扁豆已经快到吃晚饭的时间了，于是她把扁豆放在锅里匆匆炒了炒，放了点油盐就出锅了。饭后22时许，全家人呕吐不止，经过抢救，中毒的全家人得以脱险。又经过一天的紧急化验，中毒事件才真相大白。原来是扁豆炒制时间短，其产生的剧毒物质未来得及分解，而使人中毒。

知识探究

一、食物中毒的含义和种类

注意饮食安全

食物中毒是指因进食含有细菌、动植物毒素或化学毒素的食物而引发的中毒性疾病。食物中毒按其原因可分为细菌性食物中毒、有毒动（植）物食物中毒、化学性食物中毒和真菌毒素食物中毒四类。

1. 细菌性食物中毒

细菌性食物中毒多发生在夏秋季，多因食物没有烧熟煮透，或放置时间过长，或操作中不注意卫生，被细菌或其毒素污染而引起。

这些细菌大多为致病能力很强的病菌，包括嗜盐菌、致病性大肠杆菌、沙门菌、葡萄球菌和肉毒杆菌等。它们或是在大肠里大量繁殖引起急性感染，或是在食物中释放毒素，被肠道吸收后引起中毒反应。

2. 有毒动（植）物食物中毒

有毒动（植）物食物中毒多因误食本身含毒素的河豚、发芽的马铃薯、生扁豆、腐烂的甘薯、有毒的蘑菇等食物，或因烹调处理不当、加热处理不够而引起。

3. 化学性食物中毒

化学性食物中毒是指食入了被农药（含砷、有机磷、有机氯）或有色金属化合物和亚硝酸盐等污染的食品而引起的中毒。家庭中常见的杀虫剂，一旦使用不慎就容易造成化学性食物中毒。

4. 真菌毒素食物中毒

食入含有被大量霉菌毒素污染的食物引起的中毒，如赤霉病麦、谷物和甘蔗等食物在不合适的保存环境中可能产生霉变和真菌繁殖。

二、如何防止食物中毒

（1）注意个人卫生，饭前便后要洗手。吃饭前应把手洗干净，尤其是接触过公共设施或可能携带细菌的物品之后。当手上有伤口而要与食品接触时，最好用绷带包扎伤口或戴上密封手套。

（2）生吃瓜果蔬菜时，要洗净消毒。

（3）不喝生水，不吃腐烂变质的食物，不吃泡久了的黑木耳等易中毒的食物。

（4）大力消灭苍蝇、蟑螂等有害昆虫。

（5）购买食品时，看清楚所购买的食品（特别是一些熟食制品）是否在保质期内，包装是否符合卫生要求，是否按特定的储存要求存放。

（6）自己加工食品时要煮熟，而且加热时要保证食品的所有部分的温度至少达到 70℃。

（7）在外用餐时，要选择干净的就餐环境，不要到一些没有卫生许可证的小摊点吃东西。

（8）不要食用来路不明的食物。

三、发生食物中毒后的急救措施

中职生在发生食物中毒后应第一时间寻求家长和老师的帮助，尽快接受医疗救治。此外，还应了解一些具体的自救措施。

1. 催吐

如果食物吃下去的时间在两个小时之内，那么可以采取催吐的方法。

（1）取食盐 20 克，加开水 200 毫升，冷却后一次喝下。若不吐，则可多喝几次，以促进呕吐。

（2）取鲜生姜 100 克捣碎取汁，用 200 毫升温水冲服。

（3）如果吃下去的是变质的荤食，则可服用“十滴水”（一种药水）来促进呕吐。

（4）可用手指等刺激咽喉，引发呕吐。

2. 导泻

如果吃下食物的时间超过两个小时，且精神尚好，则可服用适量泻药，促使中毒食物尽快排出体外。

3. 解毒

（1）如果因吃了变质的鱼、虾、蟹等而引起食物中毒，则可取食醋 100 毫升，加水 200 毫升，稀释后一次服下。

（2）若是误食了变质的饮料或防腐剂，最好的急救方法则是饮用适量鲜牛奶或其他含蛋白质的饮料。

在日常生活中，你是怎样预防食物中毒的？和同学们交流一下。

蔬菜也含毒，重在细烹调

（1）黄花菜（也叫金针菜）若加热处理不够则会引起食物中毒。市场上卖的黄花菜多是处理过的，已无毒，但鲜黄花菜却含有有毒的秋水仙碱，应尽量避免食用。

（2）土豆本来无毒，是一种营养价值很高的蔬菜。但土豆在发芽后，会产生许多有毒性的龙葵素，在芽的附近最多。芽被掰掉，但芽眼附近的毒素并没除尽。如果用这样的土豆做菜，那么也会引起食物中毒。

（3）西红柿未成熟时也含有龙葵素，不能吃。

（4）鱼胆毒性极强，中毒后死亡率极高。杀鱼时尽量不要弄破鱼胆。

1. 什么是食物中毒？
2. 发生食物中毒后应该采取什么措施？

第三课 预防家务劳动伤害

甜甜是个很懂事的孩子，每天放学后总要帮爸爸妈妈做些家务。一天，爸爸做饭，甜甜就帮着打下手，一会儿拿碗拿筷，一会儿又端菜端饭。汤做好了，甜甜双手端着汤，从厨房往外走。没想到脚下一滑，一个趔趄，滚烫的汤洒在了手上，疼得她直跺脚，眼泪都出来了。爸爸一把将甜甜拉到水池前，打开水龙头，让凉凉的水慢慢地流到甜甜的手上。等她觉得不疼了，爸爸又找来一件干净的软软的衣服盖在了她的手上，然后父女俩急忙去了医院。

知识探究

家务劳动防伤害

日常生活中，做家务是好事，但是做家务时也会出现一些小意外，例如，被刀割破手指，被热油溅伤、烫伤等偶发事件。因此，做家务时也应该小心谨慎，防止意外伤害。本课主要对烧烫伤做讲解。

一、厨房劳动，防止烧烫伤

不经意间被沸水、滚粥、热油、蒸汽等烧烫伤在生活中很常见。

（1）炒菜时，油加热后温度很高，要特别注意，当油温升高后，不可让水滴进去，否则油星飞溅，容易被油烫伤。

（2）使用高压锅前，一定要先检查气阀是否畅通，往锅里添水不要超过规定的界线。发现高压气阀不畅时，应立即关火或切断电源，防止被高压锅里滚烫的汤水喷溅烫伤。

（3）去厨房倒开水，端热汤时，应小心谨慎，防止被热蒸汽、沸水等烫伤。开水浇在裸露的皮肤上，皮肤会被烫红肿，甚至会出现一个个水疱，要及时处理。

（4）用壶烧水，水开后应先关火而不要立刻打开壶盖，否则壶中蒸汽冒出来很容易导致烫伤。

二、发生烧烫伤后的急救措施

做家务时的烧烫伤，皮肤红肿、灼热、疼痛，没有水疱，不留瘢痕的，称为一度烧烫伤；皮肤出现水疱，局部红肿，疼痛剧烈的为二度烧烫伤，治疗及时一般不会留下大的瘢痕。

（1）对只有轻微红肿的一度烧烫伤，应立即用凉水把伤处冲洗干净，然后用凉水浸泡伤处半小时。一般来说，浸泡时间越早、水温越低（不能低于5℃，以免冻伤），效果越好，浸泡之后可以再涂些清凉油、烫伤膏。

（2）如果烧烫伤部位已经起了小水疱，那么不要弄破小水疱，也不可浸泡，以防感染，可以在水疱周围涂擦酒精，用干净的纱布包扎。

（3）烧烫伤比较严重的，应当及时到医院进行诊治，防止烧烫伤部位感染、化脓。

（4）烧烫伤面积较大的，应尽快脱去衣裤、鞋袜，但不能强行撕脱，必要时应将衣物剪开；被大面积烧伤或烫伤后，要特别注意烧烫伤部位的清洁，不能随意涂擦外用药品或代用品，防止受到感染，给医治增加困难。正确的方法是脱去患者的衣物后，用洁净的毛巾或床单进行包裹。

反观自我

回想自己在家做家务时，是否被烧伤或烫伤过，当时你是怎么处理的。

知识拓展

烧烫伤治疗小妙方

（1）小面积的一度烧烫伤，早期未形成水疱时，有红热刺痛者，用淡盐水轻轻涂于伤处，可以消炎。

（2）在受伤处擦上猪油、蜂蜜或清凉油等，能起到消肿、止痛的作用。

（3）用鸡蛋清、熟蜂蜜或香油，混合调匀涂敷在受伤处，或用消毒的凡士林纱布敷盖，也能消炎止痛。

（4）家里若有金霉素眼药膏，可涂在伤处，数分钟后亦可以消肿止痛。

（5）发生小面积烧烫伤时，应立刻涂点牙膏，不仅止痛，而且能抑制起水疱。已起的水疱也会自行消退，不易感染。

（6）处理二度烧烫伤应注意预防感染，并服止痛片减轻疼痛。请注意，不要把水疱挑破，让它自然恢复，以免感染细菌。

学以致用

如果在家务劳动中被烧伤或烫伤，你应该怎么做？

第四课 守住家门，防止受骗

案例引入

有一名男子仅凭一身工作服就轻易地骗开了一户人家的大门，当时这户人家只有一个13岁的少年，这名男子进门后就将少年打晕，盗走了家里的贵重物品和几千元现金。警方调查时，少年描述男子声称是来检查电路的，少年就轻易地将屋门打开让其进来，结果不仅给自己带来了伤害，还给家里造成了很大的经济损失。

知识探究

在城市里，一些犯罪嫌疑人频频把魔爪伸向居民住宅、单位和商铺，进行入室盗窃和抢劫。犯罪嫌疑人经常“乘虚而入”，选择容易下手、难以被人发现的地方入室盗窃，特别是家里没有成年人时，更是他们常选择的作案时机。一天之中有两个时间段是他们作案的“黄金时段”：凌晨三四点钟和白天上班时间。

一、犯罪嫌疑人入室作案的主要手段

（1）攀爬防盗网如履平地。据调查，绝大部分后半夜发生的盗窃案件有两种形式：一是撬开防盗网入室行窃；二是利用防盗网爬上去，钻入高层的住户家中作案。

（2）花言巧语骗你开门。有些犯罪嫌疑人会窜至居民住宅楼，将安装在屋外的电闸拉掉，然后伪装成水电修理工，混入室内进行诈骗等犯罪活动。

（3）尾随抢劫。犯罪嫌疑人尾随放学回家的学生入楼，当放学回家的学生用钥匙开门时，用凶器相逼，强行进入屋内进行抢劫。

二、独自在家防受骗的办法

犯罪嫌疑人常常利用未成年人独自在家，反抗力量小，又缺乏社会经验的

弱点而进行犯罪活动。所以，未成年人独自在家时要格外小心，面对素不相识的陌生人以各种理由和名义要求进入室内的，应采取以下办法。

（1）一个人在家，要锁好院门、房门、防盗门等。当有人敲门时，一定要问明来意，对不熟悉或不认识的人，千万不要开门。例如，陌生人以修理工、推销员等身份要求开门时，可以大声地告诉门外的人，说明家里不需要，请其走开或者寻找一些借口，请其不要打扰。

（2）如果陌生人欲强行闯入，那么千万不要害怕和慌乱，应立即到窗口、阳台等处高声喊叫或者佯装打电话吓跑陌生人。如遇紧急情况，正确使用报警电话“110”寻求帮助。

（3）养成进出家门随手关门并反锁的习惯，独自在家时要关好门窗。

思政元素

邻里互助才能营造和谐的生活环境

2021年年底的一天下午，正值快要过年，犯罪嫌疑人李某因为没钱回家过年，便心生歹念。随即他带着一把改锥，四处溜达，准备找个合适的地方“大捞一笔”。李某走到马驹桥某村一处平房院门前时，看到院门没关并且写着出租房，就偷偷溜了进去。进去后李某在两侧的几间出租屋中寻找目标，隔着玻璃看到其中一间屋内桌子上有一台笔记本电脑。李某四处观望、试探无人后，迅速用随身携带的螺丝刀撬开租客武某的出租屋房门，入室盗窃武某笔记本电脑一台、双肩背包一个。李某逃离现场出院门时，恰巧被正在擦玻璃的房东母子发现，追问李某来由，谁知李某撒腿就跑，房东儿子紧追不舍，最终抓住李某，院里的监控也拍下了李某的整个盗窃过程，人赃并获后房东母子选择了立即报警。

远亲不如近邻，邻里互助、见义勇为在当今的社会环境下更加难能可贵，值得赞扬。当我们发现身边人的人身或财产受到侵害的时候，一定要设身处地，伸出援助之手，共同与犯罪行为作斗争，毕竟众人拾柴火焰高，携手才能营造和谐的生活环境。

反观自我

在日常生活中，你有没有遇到过陌生人上门行骗的事情？把你对付骗子的技巧和同学们交流一下。

知识拓展

家庭防盗知识

（1）家中不要存放大量现金，一时用不着的钱款应存入银行，存折、银行卡、信用卡不要与身份证、工作证、户口簿放在一起。

（2）金银首饰切忌存放在抽屉等引人注意的地方。

（3）电视机、录像机、照相机等贵重物品应将明显标志及出厂号码等详细登记备查。

（4）钥匙要随身携带，不要乱扔乱放，丢失钥匙后要及时更换门锁。

（5）学龄前儿童不能带钥匙，更不能将钥匙挂在脖子上。

（6）离家前要将门窗关好，上好保险锁。

（7）交朋友要慎重，家庭成员特别是青少年不可随便将陌生人带到家中。

（8）雇用家政人员要找较可靠的人，要查验其身份证。

（9）提醒家政人员增强安全意识，不要轻易让陌生人入室。

学以致用

父母不在家的时候，有陌生人称是你父母的朋友来帮忙取东西，并说出了你父母的名字，要求你给他开门，这时你应该怎么做？

荆楚楷模：快递小哥张裕勇救火场一家三口

2021年12月10日，武汉市江汉区一居民楼三楼居民家中突发火情。危急关头，一位快递小哥迅速奔来，徒手攀至2楼窗沿，救下受困的一家三口。

救人后，低调的小哥戴起口罩想默默离开时，被一众热心居民拉住，公开了英雄身份——顺丰唐家墩营业部快递小哥，张裕。

这次家庭火灾属于油烟管道火灾。一般是由于厨房操作人员用火不慎，油锅无人看管，加上对厨房油烟管道清理不及时，油污堆积严重，遇明火或高温烟气后，油垢被引燃所致；或者是炒菜翻锅时，伴随着抽风机的风向吸力将火引向管道，而引起火灾。

当日上午11时许，按照日常工作计划，张裕来到江汉区万科汉口传奇唐樾小区内收件。突然闻到一阵刺鼻的浓烟味，他转头便看见一户3楼居民家中起火。一家三口被汹涌的火势逼退至南面阳台，试图向外寻求帮助。

此时，楼下围满了居民群众，有人在大声呼救，还有不知所措的居民脱下棉袄、找出被毯，想要接住被困者。

“火势蔓延快，必须抓紧时间，尤其还有一个孩子。”曾在武警某部服役过的张裕，果断出手救人。只见他一跃而上，徒手爬至2楼窗沿，不到一分钟，便固定住姿势，坚定地向3楼阳台伸出右手，“快！先把孩子交给我。”

千钧一发之际，张裕的到来让一家三口欣喜不已，两位大人立即将小孩悬空提起，向楼下送去。所有人都屏住呼吸，一条坚定有力的手臂，牢牢搂住小孩的身躯，一把将孩子安全送进2楼屋内。赶在消防车到来前，三岁的小女孩及两名大人均被救出。

当所有人都松了一口气时，沾满一身灰的张裕悄悄跨上电动车，准备离开。“英雄别走，让我们记住你的脸。”现场，一位居民大姐“强行”摘下了张裕刚戴上的口罩，才发现他竟是近来一直为社区服务的快递小哥。

湖北日报全媒记者通过各方了解到，张裕今年36岁，2004年在罗田入党，党龄已有17年，是站东社区顺丰唐家墩营业部唯一的党员。入党早的他，一直以来将发挥党员先锋模范作用当作信念。日常送快递工作中，若看到居民搬不动重物，他会上前帮忙；看到户主垃圾没倒，他会顺手带

走；看到社区有安全隐患，他会通过“江城小蜜蜂”平台及时上报；社区需要宣传防诈骗知识，他和同事一道将宣传卡片贴在快递件上……

张裕见义勇为的事迹一经传开，引得无数赞誉。武汉市消防救援支队为张裕颁发了“武汉市优秀消防志愿者”荣誉证书及“消防勇士”纪念奖牌；唐家墩街道办事处带着5000元见义勇为奖奖金上门慰问；湖北顺丰速运公司将张裕纳入分公司经理培养储备池，并奖励奖金三万元……

面对蜂拥而至的荣誉，张裕显得十分不好意思，“不需要这么多褒奖，我只是做了党员该做的事。”

（资料来源：《湖北日报》，有删改）

讨论：

1. 家庭用电用火时可能会面临哪些风险？

2. 张裕的榜样案例给我们带来哪些启发？

运动与旅游篇

——美好休闲时光　注意人身安全

开篇寄语

旅行中有关安全防范的内容虽然很多，但归纳起来不外乎衣、食、住、行四项内容。因此，外出旅行应该根据当时的季节和当地气候条件及沿途各地的环境，带合适和实用的生活用品。每天看天气预报，了解气候变化，及时调整计划，防患于未然。

育人目标

1. 明确“坚持健康第一”的思想，形成体育锻炼习惯和实践能力，促进身心和谐发展。

2. 激发参与旅游的兴趣，调动参与热情，学会在旅游时照顾自己、帮助他人。

第一课　体育锻炼莫伤身

案例引入

某中等职业学校体育课上，同学们正在进行双杠训练。学生叶某认为双杠“支撑摆动前摆下”这个动作很简单，不用同学保护，结果在后摆时双手脱杠，脸部着地，当场摔掉了两颗门牙，险些酿成大祸。

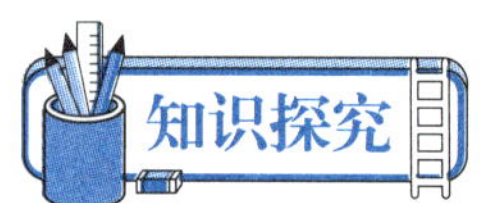

知识探究

体育锻炼能够帮助中职生增强体质，可是在体育活动中也存在很多威胁生命安全的隐患。近年来，学校体育活动中出现伤害事故的频率呈上升趋势。应该如何减少或者避免体育活动中伤害事故的发生也成为中等职业学校、教师及中职生颇为关注的话题。

一、在操场上运动如何自护

在操场上，可以进行多种运动项目的体育锻炼，遵守相应的运动规则是运动安全的重要保证。

（1）做全身准备活动，以防肌肉拉伤、扭伤。

（2）短跑等项目要在规定的跑道上进行。

（3）跳远时，必须严格按老师的指导助跑、起跳。

（4）在进行投掷训练（如投掷铅球、铁饼、标枪等）时，一定要按老师的口令进行。

（5）在进行单、双杠和跳高训练时，器械下面必须准备好厚度符合要求的垫子。

（6）在进行跳马、跳箱等跨越训练时，器械前要有跳板，器械后要有保护垫，同时要有老师和同学在器械旁站立保护。

（7）做前后滚翻、俯卧撑、仰卧起坐等垫上运动项目时，要严肃认真，不能打闹，以免发生扭伤。

（8）参加篮球、足球等项目的训练时，要学会保护自己，不要在争抢中伤及自己或他人。

二、体育课着装须知

体育课进行的大多是全身运动，运动量大，体育器材多，为了安全，对体育课上的衣着有一定的要求。

（1）衣服要宽松合体，最好不穿纽扣过多、拉锁过多或者有金属饰物的服装，尽量穿运动服。

（2）上衣、裤子口袋不要装钥匙、小刀等坚硬、锋利的物品。

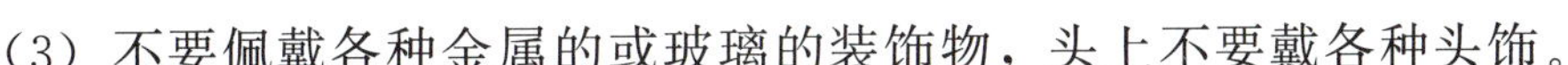

（3）不要佩戴各种金属的或玻璃的装饰物，头上不要戴各种头饰。

（4）不要穿塑料底的鞋或皮鞋，应当穿运动鞋、球鞋。

三、运动会安全注意事项

由于运动会竞争项目多、持续时间长、运动强度大、参加人数多，因此安全非常重要。在运动会中需要遵守以下几点要求。

（1）遵守赛场纪律，服从调度指挥。

（2）赛前做好准备活动，使身体适应比赛。

（3）赛前注意身体保暖。

（4）赛前不可吃得过饱或者饮水过多。

（5）在指定地点观看比赛。

（6）赛后不要立即停下来休息。

反观自我

小明为了显示自己的勇敢，跳马时不让别人保护他，你认为他的做法对吗？

知识拓展

运动后忌冷饮

运动使身体出汗，身体缺水时需要补充水分，有些人为了一时痛快，便大量饮用冷饮，以为这样很解渴，其实这样做是不对的，而且对身体有伤害。

人在运动时产生的热量使胃肠道表面的温度急剧上升，有时可高达40℃左右。如果这时大量饮用冷饮，那么胃肠道血管便会在强冷的刺激下收缩，减少腺体分泌量，导致消化不良，有的可能引起肠胃痉挛、腹痛，严重者甚至可能引起胃溃疡、胆囊炎等疾病。

运动时产生巨大的热量，可使口腔温度达39℃，牙周、咽部组织处于充血状态，冷饮刺激可能会造成局部机能紊乱，导致牙酸、牙痛甚至更严重的口腔疾病。

所以，运动后应忌冷饮，宜饮用温饮，这样才既解渴又有利于身体健康。

学以致用

体育活动中都存在哪些安全隐患？应该如何规避这些隐患？

第二课 游泳安全挂心头

案例引入

一天，16岁的黄某一时兴起，与同学刘某相约到当地水库游泳。16岁的刘某刚刚学会游泳，黄某虽然知道这个情况，但是他仍然将刘某带到深水区。当他们在深水区游了一会儿后，黄某因为体力不支，便自己游向岸边。刘某则因游泳技术不佳，在深水区挣扎一会儿后便沉入水底，溺水身亡。

知识探究

游泳安全

一、如何避免游泳时发生危险

游泳过程中存在许多危险，为了保证游泳安全，应该做好以下防护措施。

（1）游泳前需要进行体格检查。患有心脏病、高血压、肺结核、中耳炎、皮肤病、严重沙眼以及各种传染病的人不宜游泳。处在月经期的女性也不宜游泳。

（2）慎重选择游泳场所，不要到江河湖海中游泳，也不要到有血吸虫、被污染和杂草丛生的水中游泳，而应在游泳池里游泳，在有救生员的正规场所游泳。设有“禁止游泳或水深危险”等警告标语的水域，千万不可下水游泳。风浪大、照明不佳的水域，也不要下水游泳。要选择好的游泳场所，对场所的环境（如该场所是否卫生，水下是否平坦，有无暗礁、暗流、杂草，水域的深浅等情况）要了解清楚，有的游泳池底长有青苔，当水深至脖子时，游泳者极易站不住摔倒而呛水身亡。

（3）游泳前应做一些准备活动，如伸展四肢、活动关节等，同时用少量冷水冲洗一下躯干和四肢，这样可以使身体尽快适应水温，避免出现头晕、心慌、抽筋等现象。

（4）严格遵守游泳池的规则，不要潜水。

（5）初学游泳者最好有泳技好的人陪伴，不要独自一人外出游泳，更不要到不知水情或比较危险且易发生溺水伤亡事故的地方游泳，不知水深时不要随意盲目跳水。

（6）必须有组织地在老师或熟悉水性的人的带领下游泳，以便互相照顾。如果集体组织外出游泳，那么下水前后都要清点人数，并指定救生员做安全保护。

（7）从事任何水上活动，均应穿上救生衣，以防意外。下水的装备要带全，一定要戴泳镜，不穿牛仔裤或长裤下水。

（8）身心状况欠佳时，如有疲倦、饱食、饥饿、生病、情绪不好以及酗酒等情况，均不宜游泳。剧烈运动和繁重劳动以后也不要游泳，要缓冲一段时间后才能游泳。

（9）切勿到不明地形的水域（如河流、水塘、水坑等）游泳，以免发生危险。不要在急流、暗流和漩涡处游泳。如果不清楚水底状况，贸然下水或无视偌大水域隐藏的种种危险，那么很可能要付出极大的代价。

（10）水温太低、太高都不宜游泳，游泳前要做好准备活动，以免因冷水刺激而发生肌肉抽筋。在水中抽筋时，切忌慌乱，要保持冷静，改用仰漂。

（11）平日有机会就参加心肺复苏术训练及水中自救训练。若遇危险情况，则要保持冷静，可大声呼救或自救解脱。

（12）若遇人溺水，则可一面大声呼救，一面利用竹竿、树枝、绳索、衣服或漂浮物抢救。没有把握时，千万不要下水救人，未熟练掌握救生技术者也不要妄自下水救人。

（13）要清楚自己的身体健康状况，平时四肢就容易抽筋者不宜游泳，更不要到深水区游泳。有假牙的同学，应将假牙取下，以防呛水时假牙落入食管或气管。

（14）对自己的水性要有自知之明，下水后不能逞强，不要贸然跳水和潜泳，更不能互相打闹，以免呛水和溺水。

（15）在游泳过程中，如果突然觉得身体不舒服，如眩晕、恶心、心慌、气短等，那么要立即上岸休息或呼救。

二、游泳遇险自救方法

游泳时常会遭遇到的意外有水中抽筋、水草缠身、身陷漩涡、过度疲劳等。在游泳过程中遇到这些意外时，要沉着冷静，按照科学的方法进行自我救护，同时发出呼救信号，以便及时得到同伴或救生员的帮助与救护。

1. 水中抽筋自救法

抽筋是肌肉强直性收缩，往往是因为过度疲劳、游泳过久或突然受冷水刺激。游泳时突然抽筋是很常见的现象，如遇肌肉抽筋，千万不要慌张，应立即上岸擦干身体。如果在深水处或腿部抽筋剧烈，无法游回岸上，则应沉着冷静，呼人援救，或自己漂浮在水面上，控制抽筋部位。经过休息，抽筋情况会自行缓解，然后立即上岸休息。

抽筋时，通常根据抽筋的部位分别进行处理。

（1）手指抽筋，将手握成拳头，然后用力张开，张开后，又迅速握拳。如此反复数次，直至恢复为止。

（2）手掌抽筋，用另一手掌将抽筋手掌用力压向背侧并做振颤动作。

（3）手臂抽筋，将手握成拳头并尽量曲肘，然后再用力伸开，如此反复数次。

（4）小腿或脚趾抽筋，用抽筋小腿对侧的手握住抽筋腿的脚趾用力向上拉。同时，用同侧的手掌压在抽筋小腿的膝盖上，帮助小腿伸直。

（5）大腿抽筋，弯曲抽筋的大腿使其与身体成直角，并弯曲膝关节，然后两手抱紧小腿，用力使它贴在大腿上并做振颤动作，随即向前伸直。

（6）腹直肌抽筋，腹直肌抽筋即腹部抽筋，可弯曲下肢靠近腹部，用手抱膝，随即向前伸直。

2. 水草缠身自救法

江河湖泊靠近岸边或水较浅的地方，一般常有杂草或淤泥，游泳者应尽量避免到这些地方游泳。如果不幸被水草缠住或陷入淤泥，一定要保持镇静，切不可踩水或手脚乱动，否则就会使肢体被缠得更难解脱，或在淤泥中越陷越深。此时，可以用仰泳方式（两腿伸直，用手掌倒划水）沿原路慢慢退回；也可以平卧水面，使两腿分开，用手解脱；还可以想办法把水草割断或试着把水草踢开。无法摆脱水草时，应及时呼救。摆脱水草后，轻轻踢腿而游，并尽快离开水草丛生的地方。

3. 身陷漩涡自救法

河道突然放宽、收窄处和骤然曲折处，水底有突起的岩石等阻碍物、有凹陷的深潭，或河床高低不平等地方，都会出现漩涡；山洪暴发、河水猛涨时，漩涡最多；海边也常有漩涡。有漩涡的地方，一般水面常有垃圾、树叶、杂物在漩涡处打转，只要稍加注意就可早发现并远离。如果已经接近，那么切勿踩水，应立刻平卧水面，沿着漩涡边，用爬泳快速地游过。因为漩涡边缘处吸引力较弱，不容易卷入面积较大的物体，所以身体必须平卧水面，切不可直立踩水或潜入水中。

4. 过度疲劳自救法

过度疲劳后游泳或游泳过度后，都容易造成抽筋或因体力不支而溺水。当觉得寒冷或疲劳时，应马上游回岸边。如果离岸甚远，或过度疲劳而不能立即回岸，则应仰浮在水上以保留力气。有人施救时，可举起一只手，放松身体，让施救者救护，不要紧抱着施救者不放。

三、溺水时怎样救护

溺水是由于大量的水经口鼻进入肺内，或冷水刺激使喉头痉挛而出现窒息和缺氧的急症。溺水者若不及时抢救，则呼吸、心跳就会停止，5～6 分钟就可危及生命。如果发现有人溺水，那么必须及时救助。

根据落水时间长短，溺水可分为三种程度。

（1）轻度。落水瞬间淹溺，仅吸入或吞入少量的水，引起剧烈呛咳，此时患者神志是清醒的，血压升高，心跳加快。

（2）中度。溺水 1～2 分钟后，由于呼吸道吸入水分而缺氧、窒息，此时患者神志模糊，呼吸浅表、不规律，血压下降，心跳减慢，反射减弱。

（3）重度。溺水 3～4 分钟，因严重缺氧和窒息，患者面部出现紫块、肿胀，眼结膜充血，口腔、鼻腔、气管充满血性泡沫和污泥，肢体冰冷，昏迷，抽搐，呼吸不规律，胃内充满积水致腹胀；严重者心跳、呼吸停止，瞳孔散大。一般从溺水至死亡只有 5～6 分钟。

把溺水者从水中救出后，应立即进行现场急救。

（1）立即清除口腔、鼻腔中的堵塞物，如杂草、污泥等。

方法：将溺水者侧卧，救护人员一手固定溺水者向上的肩部，另一只手的食指钩出患者口中异物。清理完后，托起溺水者下颌向上推，使其头部向后仰，并将舌头钩出，保持气道畅通，松解衣扣、腰带。

（2）进行排水动作，清除溺水者呼吸道、肺和胃内的积水，这种方法适用于呼吸、心跳尚存者。

方法：①急救者抱住溺水者双腿，将溺水者腹部置放于自己肩部，快步走动；②急救者一条腿跪下，另一条腿向前屈膝，将溺水者俯卧于急救者的膝盖上，使其头低位，轻拍溺水者背部将水排出；③也可利用自然斜坡，让溺水者头低位俯卧，急救者用手掌拍击其背部。

（3）溺水者已无自主呼吸，心跳已停止时，应立即使其仰卧于地板或木板

上，施行心肺复苏术，并长时间坚持，不能轻易放弃救治。溺水者呼吸、心跳恢复后，应及时送往医院进行检查治疗。

和同学讨论一下，游泳时需要注意哪些事项。检查一下自己哪些地方做得还不够好。

在游泳池游泳的安全常识

（1）在泳池边不可奔跑或追逐，以免滑倒摔伤。

（2）在泳池边不可故意推人下水，以免使他人撞到人或撞到池边而受伤。

（3）在游泳池浅水区严禁跳水，否则可能造成颈椎受伤甚至终身瘫痪。

（4）戏水时，不可将他人压入水中不放，以免使他人因呛水而窒息。

（5）在水中活动已有寒意，或有抽筋感时，应及时上岸休息。

（6）发现有人溺水时，应立刻发出“有人溺水”的呼救声或拨打“110”“120”请求救援，如果自己没有学过水上救生，那么不可贸然下水施救。

你会游泳吗？如果有同学约你去深水区游泳，你会答应吗？说说你这样做的理由。

第三课　旅游安全须注意

某日，福建省一海滩发生一起悲剧：43 名学生顶着 8 级大风到此游玩，突然一个巨浪袭来，3 名男生被卷走，之后，又有 4 名前往搜救的男生失踪。

有时候，只要我们准备充分，很多事故是可以避免的。出门旅游也是一样，一定要做好充分的准备，保证自身安全。

一、如何消除旅途中的不安全因素

旅途中的不安全因素主要如下：①没有周密的旅游计划；②无目的地游览；③不尊重当地的习俗；④上当受骗；⑤单独外出旅游。

消除旅途中的不安全因素可以从以下几方面着手。

（1）制订周密的旅游计划。事先要制订时间、路线、食宿的具体计划，带好导游图、有关地图、车（船）时间表以及必需的行装。

（2）携带常用药。外出旅行要带上一些常用药，特别是夏季旅行时，要随身携带清凉油、风油精、藿香正气水等。因为旅游难免会碰上一些意外情况，随身带一些常用药品，争取做到有备无患。

（3）注意旅途安全。旅途中有时会经过一些危险区域景点，如陡坡密林、悬崖蹊径、急流深洞等，在这些危险区域，要尽量结伴而行，千万不要独自冒险前往。

（4）文明礼貌。任何时候、任何场合，对人都要有礼貌，事事谦逊忍让，自觉遵守公共秩序。

（5）爱护文物古迹。旅游者每到一地都应自觉爱护当地的文物古迹和景区的花草树木，不要在古迹上乱刻乱涂。

（6）尊重当地的习俗。我国是一个多民族的国家，许多少数民族有不同的宗教信仰和习俗忌讳。在进入少数民族聚居区旅游时，要尊重当地的传统习俗和生活中的禁忌，切不可忽视礼俗。

（7）注意卫生与健康。旅游在外，一般都要品尝当地美食，体验当地饮食文化，但一定要注意饮食、饮水卫生，切忌暴饮暴食。

（8）和家人保持联系。出门旅游有时候会因为突发事件而耽误行程，这时一定要记得和家人保持联系。

二、户外运动需注意的事项

登山，特别是竞技性登山或登山探险是一项特殊的高危运动，主要表现在它有许多未知因素和一些不可预知的险情，如山体滑坡、雪崩、暴风雪等。登山一定要把安全放在首位，量力而行。

我国有得天独厚的户外运动资源，人们除了登山，还可以选择其他适合自己的户外运动。参加具有一定风险的登山等户外运动，必须确立两个观念：其一，“探险”不是“冒险”，探险是探索的过程，是在一定的精神和物质基础之上，在科学的指导下从事的探索活动，其要义是尊重科学；其二，是“亲近”自然而不是“征服”自然，我们应该亲近自然，聆听自然对我们的教诲，感受自然对我们的熏陶。作为一个成熟的登山者，认识自然、尊重规律是必学的一课。我们不应靠一时的心血来潮，用自己的鲜血和生命去体验前人的教训。

牧羊人朱克铭：救人是作为一个人的本分

2021 年 5 月 22 日，甘肃省白银市景泰县黄河石林马拉松越野跑 21 名参赛者不幸遇难。在出现极端天气的第三打卡点附近，一位名叫朱克铭的牧羊人伸出援手，接连救了 6 名已经出现失温的参赛选手。不仅是朱克铭，事发后他所在的常生村动员全村力量也上山搜救参赛者。

2021 年 5 月 22 日，甘肃白银景泰县黄河山地马拉松百公里越野赛遭遇极端天气，选手失温晕倒，命悬一线时，一位放羊大叔先后救下 6 人，过程令人揪心又感动。这位放羊大叔是甘肃白银市景泰县常生村村民朱克铭。当天，他在山顶放羊，早晨 10 点多，天开始下雨，气温越来越低，朱克铭停下来去附近窑洞避雨。朱克铭说他总在那一片区域放羊，之前还在窑洞里放了衣服、被褥和干粮。朱克铭听到求助声后循声走出窑洞，看到一群越野赛选手中有一位已经在抽搐。朱克铭立即把大伙带到窑洞里，又生起了几堆火。随后他跑到有信号的地方拨打了景区的救援热线。等候救援时，朱克铭多次到窑洞外观望，“看看救援队走到哪儿了”，他发现“前面有一团东西看不清”，仔细看原来是一名失温倒地的选手，大家赶忙把他抬进了窑洞。经过烤火取暖，窑洞中的六名选手体力渐渐恢复。同时，救援人员也抵达了窑洞所在地，将六名选手带往安全地点。

事发之后，这位牧羊人朱克铭在网络上发布了一段话，其中一段是这么说的：其实我根本就没有做什么，只是干了一件很普通、很正常的事情，但是还有一些人没有救上来，比如那两位已经没有生命体征的男子，当时实在是顾不上了，很抱歉。朱克铭推掉了很多采访，因为他觉得，救人是他作为一个人的本分。

三、住宿时需注意的事项

（1）外出活动前，应带上自己的身份证和学生证，以备途中安全检查和住宿登记使用。

（2）旅途中需要住宿时，要选择一个安全、舒适、卫生的旅店，不要住不正规的旅店。不正规的旅店有的无营业执照，有的管理不善，有的营业项目和价格都不符合规定，还有的甚至敲诈勒索旅客。

（3）在旅店住宿时，要保管好自己的钱、物等，贵重物品要随身携带，一般行李可交旅店寄存处寄存起来。

（4）睡觉时注意关好门窗，外出时锁好门窗。

（5）如果在野外扎营，则应选择地势较高、视野开阔、干燥背风的地方，不要在干枯的河床或河岸上扎营，营地还应选在离水源近的地方。不要在有风的山顶、谷底和深不可测的山洞中扎营。如果过夜，则可在帐篷的周围撒上石灰粉，防止野外的蛇、虫进入帐篷。生火做饭后要及时熄灭火种，防止发生火灾。

旅途中发现自己与同伴走散了，你该怎么办？

在森林里迷路了可以这样做

1. 回忆

立即停下，回忆走过的道路，尽快确定方向。

2. 观察

看看四周的野草，刚走过的路，草会被踩倒且方向向前，找到方向就有可能找到来时的路。

3. 到高处去

爬上最近的高大山坡，一可以确定自己的位置，二可以发现人活动的迹象。

4. 寻找水流

在林区，道路和居民点常常临水而建，沿着水流的方向走，就有可能找到人家，也容易走出林区。

学以致用

1. 旅途中的不安全因素有哪些？
2. 参加登山运动，必须确立哪两个观念？

第四课 旅途生病要当心

案例引入

小同跟着爷爷的考察队在山里已走了快五天了。这天，突然下起了大雨，还伴随着狂风。一位考察队的叔叔看小同穿得太少，就把自己的防风外套给了小同，叔叔自己只穿了一件薄薄的T恤衫。

不久，小同发现这位叔叔脸色发白、浑身发抖、口齿不清、走路不稳。他赶紧告诉了爷爷，爷爷一听，立即让队伍停下。由于在山路中，无法搭帐篷，所以只好在一处山崖下面用雨衣、树枝等临时搭建了一个篷子遮风挡雨。大家帮着爷爷把这位叔叔的湿衣服脱掉，换上干衣服，并用大毛巾包裹住他的头和面部，又让他钻进睡袋休息。小同还拿来了自己最爱吃的巧克力给叔叔吃。这时，有个叔叔说："给他喝点酒吧，一会儿就暖和了。"爷爷一听，赶忙制止："这个时候千万不要给病人喝酒，喝了酒，血管扩张，原有的那点热量消失得更快，病人会觉得更冷，这个时候只能喝点热水。"

经过大家的精心照顾，这位叔叔的身体很快就暖和过来了，不久，又同大家一起继续赶路了。

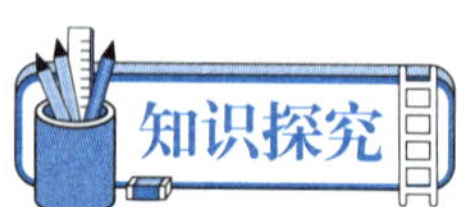

知识探究

旅途生病要当心

"出门在外无小事"，任何一个小的问题的发生，都有可能导致大的事故。尤其是在旅游途中，由于频繁地更换地点和改变生活环境，加上跋山涉水，需要消耗大量的精力和体力，全身各系统常常处在紧张和变化之中，即处于"应激状态"。机体一旦进入应激状态，就会破坏体内环境的协调、平衡和稳定，从而导致疾病的发生。

一、旅途患病的应急处理

旅行中，遇到突发性的疾病，要根据不同情况采取相应的急救措施（越快处理，效果越好），然后想办法尽快将患者送往医院救治。

1. 关节扭伤

关节不慎扭伤后，切忌搓揉按摩，应立即用冷水或冰块冷敷 15 分钟，然后，用手帕或绷带扎紧扭伤部位，也可就地取材，用活血、散瘀、消肿的药物外敷包扎，争取及早康复。

2. 晕倒昏厥

对于晕倒昏厥的患者，千万不可随意搬动，应首先观察其心跳和呼吸是否异常。如果患者的心跳、呼吸正常，则可轻拍患者并大声呼唤使其清醒；如果患者的心跳、呼吸异常则说明情况比较复杂，应将患者头部偏向一侧并稍放低，采取人工呼吸和心脏按压的方法进行急救，并向其他人求助。

3. 心源性哮喘

奔波劳累，常会诱发或加重心源性哮喘。应让患者采取半卧位，并用布带轮流扎紧患者四肢中的三肢，每隔 5 分钟一次，可减少进入心脏的血流量，减轻心脏的负担。

4. 心绞痛

有心绞痛病史的患者，外出游玩应随身携带急救药品。发生心绞痛后，应坐起来，不可挪动，并迅速服用急救药品，以缓解病情。

5. 胆绞痛

旅途中若摄入过多的高脂肪和高蛋白饮食，则容易诱发急性胆绞痛。发病时应让患者静卧于床，迅速用热水袋在患者的右上腹热敷，也可用拇指压迫刺激足三里穴位（位于腿膝盖骨外侧下方凹陷往下的 4 指宽处），以缓解疼痛。

6. 胰腺炎

有些人在旅游时喜欢走到哪里就吃到哪里，暴饮暴食，从而诱发胰腺炎。发病后，应严格禁止饮水和进食。然后，用拇指或食指压迫足三里、合谷（位于手大拇指和食指的虎口间）等穴位以缓解疼痛，减轻病情，并及时到医院进行救治。

7. 急性肠胃炎

旅途中食物或饮水不洁，极易引起各种肠道疾病，如出现呕吐、腹泻或剧烈腹痛等症状。同伴应立即将患者送往附近医院诊治，并将其呕吐物和腹泻物按防疫要求进行消毒处理，以防传播扩散。

二、旅途如何防“上火”

由于旅途中的饮食起居往往会打破原有的生活规律，很多人在旅途中会出现颜面潮红、心绪不宁、食欲不振等症状，还有的人在嘴唇、嘴角甚至脸上起疱疹。这就可能是人们常说的“上火”现象，也是旅途中最常见的疾病。

在旅途中注意以下几点，可以有效避免“上火”。

1. 做好充分准备

出发前对于旅游的路线、乘车的时间、携带的物品都要做好充分准备。无论遇到何种事情都能从容不迫、心境平和。

2. 生活有规律

旅游的日程安排最好按平时的作息，按时起床、睡觉，定时定量进餐，不为赶时间放弃一顿饭，也不为一席佳肴而暴饮暴食。

3. 多吃清火食物，多饮水

旅游中应多吃新鲜蔬菜、水果，多喝水。尤其是夏天容易出汗，一定要多喝开水，及时补充体内的水分。

4. 注意劳逸结合

安排各种活动需适当，保证充足的睡眠，以免过度疲劳使抵抗力下降。

5. 对症下药

旅途中由于紧张劳累，机体的调节、免疫机能都有所下降，对外界不良因素的耐受能力减弱，一旦“上火”应及时治疗，切不可任其发展。

你有旅游出行的经验吗？和同学们说一说你是怎么做的。

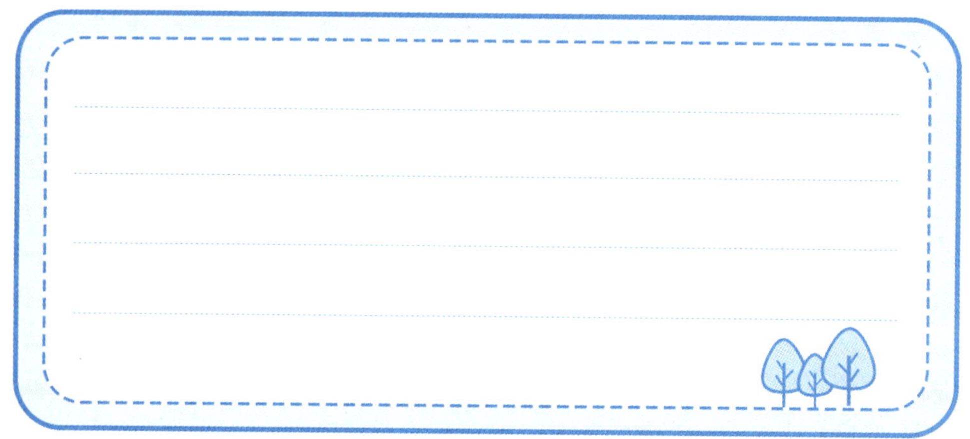

夏季出游，衣食住行注意事项

(1) 夏季出游服装应以浅色、宽松为主，浅色、宽松的衣服使人更凉快；旅途中要注意多喝水，多补充水分，一次不宜多饮，每天喝足2000毫升水。

(2) 饮食以清淡为主，多吃苦瓜、丝瓜、冬瓜、黄瓜、绿叶菜、番茄等，能除湿利尿、清热解毒。适当食用一些醋，可防肠道病变。

(3) 居住的地方要清洁卫生，空调的温度不要过低，经常通风换气。

(4) 夏季清晨，凉风习习，气温不高，且空气清新，因此，夏季出游以早行为宜。

为什么旅行时容易患病呢？如果旅途中突然患病了，你该怎么办？

第五课 野外生存能自救

在野外必须具备一些基本的常识，这些常识是我们日常生活中不常用到的，但在野外却可能是决定生死的关键。只有在野外顺利地生存下去，才能在享受野外探险快乐的同时，保证最基本的安全底线——保护好自己的生命。

想要安全地在野外活动，我们必须具备以下基本知识和技能。

一、维持生命

我们都知道，只要每天正常饮食，正常作息，正常支配体力和脑力，就可以维持生命，只有疾病、意外和衰老可以夺去生命。我们能够拥有这些基本的生存条件，是因为我们生存在社会中，整个社会机构的完美运作，会给我们提供这些必需的生存条件。如果在野外，既没有现成的食物和饮水，也没有可以遮风挡雨的住所，那么我们每时每刻都有可能面临生存的问题，这时如何维持生命呢？这就要求我们必须学会从自然中找到可以利用的资源。

1. 饮水问题

在野外生存首先要解决的就是饮水问题，人体的三分之二以上都是由水分构成的。在野外，有雨水的时候接雨水，没有雨水的时候找河水，可以使用自带简易过滤器的水壶对雨水或河水进行过滤，大部分来自自然的水都可以入口。露营的时候，应尽量选择有水源的地方停靠，前往陌生的地点前一定要带够饮水。在沙漠或其他干旱地区，除尽量节约宝贵的水资源以外，最好的方法是尽量搜寻植物，利用植物水来补充水源。在实在没有水源的情况下，哪怕是尿液也不能浪费，可以通过使用自制的过滤工具，将尿液过滤处理后变为可以饮用的水。

2. 住所问题

由于没有丰厚的毛皮保护，人类的体质不适合露天就寝，即使是在气候比较温和的地带，人体也容易沾染寒气和湿气，身体较差的人随时都可能病倒。在野外最怕的就是生病和受伤，此外，还很容易遭遇各种动物的袭击。因此，在野外能够找到一个可以暂时庇身的处所非常关键。例如，在沙漠或极地等气候和各方面条件都异常恶劣的地区，帐篷和睡袋必不可少。如果做好了准备和考察工作，能够顺利地利用当地素材则最好。例如，在沙漠中可以利用骆驼挡住大量风沙，让骆驼围在帐篷周围能够对抗沙尘暴；废弃的汽车等也能用来庇身。总之，不要放过任何一点可以利用的资源。

3. 饮食问题

饮食是维持人类生命体征的基本保障，虽然在一段时间内不进食并不一定会引发死亡，但是长时间不进食会导致人体机能下降，行动困难。幸好相对于水而言饮食问题比较容易解决，除了个别极端恶劣的环境，大部分情况下我们可以利用可食用的植物、动物等来维持人体能量的需要。饮食问题中火种和盐分的储备又尤其重要，熟食利于消化而且不容易感染疾病；如果缺乏盐分，则人体会出现各种不适症状，因此，到野外探险一定要尽可能地按预定行程携带一定量的食用盐和火种。

二、躲避危险

我们在野外遇到危险的概率要比在城市遇到危险的概率高得多，因为野外是没有被人类全面改造的自然环境，所以我们必须学会规避某些风险的方法，降低在野外探险中受到生命威胁的概率。

1. 第一种危险：自然地理

自然环境中常常暗藏各种危险，在出行前一定要调查清楚可能遭遇的恶劣环境，然后根据相关环境预测可能遇到的危险，并做好自救方案。例如，去海边游玩时，可以穿上救生衣，一旦遇到危险，救生衣就能成为“保命筏”。

2. 第二种危险：动物袭击

一个聪明的野外生存专家，一定会根据所处的野外环境，随身携带几种常见的药物，如蛇药、抗生素、止血药等。此外，拥有丰富的动物学知识能够让人从粪便、脚印、叫声中判断出周围是否有大型野兽，并迅速找出成功的逃生路线，避开动物袭击。除了防止野生动物袭击，还要防蚊虫叮咬。

3. 第三种危险：特殊气候

大自然的天气变化莫测，在野外随时可能被裹入危险的天气中。所以在出行前一定要通过天气预报预估可能发生的天气，明确当天气出现剧变时的应对方案，尽量不去过于危险的地区，一定要根据当地地形等因素提前做好防护准备。

三、寻找生机

在野外，面对人迹罕至、危机重重的大自然，稍有不慎就可能遇到危险，在沙漠中可能遭遇沙尘暴的袭击，在森林中可能遇到危险的猛兽，在雪山上可能遭遇雪崩，在大海中可能遇上强风巨浪。

当我们在面对这些可怕的险境时，必须能够从危险中找到生机，改变自己所处的困难局面，保护好自己和同伴。

1. 第一种险情：受伤

最糟糕的状况：生命垂危。解决方法如下。

第一步是进行自救。先包扎好伤口，防止血液继续流失，同时进行简单的敷药处理，防止发炎。如果已经失去基本的行动能力，那么就尽力保持清醒，同时尽最大可能减少体力的消耗和伤情的加剧。

第二步是马上进行呼救。如果同伴在身边则可以依靠同伴。如果同伴受伤了，那么在给同伴进行包扎后，可以在原地进行标记。如果要去远处呼救，则一定要将同伴转移到安全的地方，同时留下足够的水和食物。如果和同伴走散，自己遭遇受伤的情况，则可以用信号烟花、电话、对讲机等联系同伴或其他人，总之要尽快找到可以帮助自己的人。

第三步是尽快离开险地。最好是在条件允许的情况下立刻离开野外，回到有医疗条件的地方进行医治。

2. 第二种险情：迷路

最糟糕的状况：特殊气候影响了对自然环境的观察，如当地有磁场干扰而导致指南针失效等。解决方法如下。

第一步是迅速使用一切联系工具与外界进行联系。可以尝试到比较高的地方寻找信号，或者主动燃放烟火等吸引其他人的注意。如果有探照灯，则可以在夜间到山顶发送求救信号。

第二步是快速检查食物和饮水储备，计算出最长维持时间，为下一步计划提供基本生存能力数据参考，同时尽可能收集环境线索，判断在物资耗尽的情况下，利用自然资源能够维持的时间。

第三步是运用指南针或其他方法确定一个离开方向。指南针如果失效，则可以尝试观察自然界中植物的生长，朝南的一面往往树木发育得更好。注意在撤离时沿途做好特定的记号，方便识别和被同伴发现，也可以避免走重复路线。

3. 第三种险境：断粮

最糟糕的状况：体力耗尽。解决方法如下。

第一步是迅速收集能收集到的全部水源（如山泉水、露水等）和食物（如野生猕猴桃、野生梨等可食用的野果）。

第二步是在利用手机、指南针等工具对外求救的同时，迅速寻找离开野外的方法，尽快回到水源和饮食充足的地带。

第三步是注意回程路上可能发生的危险，尽量走开阔的地方，不走小路。

通过这一课的学习，你学到了哪些野外生存技能？

火的引燃及实际应用

首先是要找到易燃的引燃物，如枯草、干树叶、桦树皮、松针、松脂、细树枝、纸、棉等。

其次是捡拾干柴。干柴要选择干燥、未腐朽的树干或枝条。要尽可能选择松树、栎树、柞树、桦树、槐树、山樱桃树、山杏树之类燃烧时间长的硬木，此类木材燃烧的火势大、木炭多。不要捡拾贴近地面的木柴，贴近地面的木柴湿度大，不易燃烧，烟多熏人。

最后是要清理出一块避风、平坦、远离枯草和干柴的空地。将引燃物放置在中间，上面轻轻放上细松枝、细干柴等，再架起较大较长的木柴，然后点燃引燃物。火堆的设置要因地制宜，可设计成锥形、星形、“井”字形、屋顶形、牧场形等。也可利用石块支起干柴，或把干柴斜靠在岩壁上，在下面放置引燃物后点燃即可。一般情况下，可以在避风处挖一个直径 1 米左右、深约 30 厘米的坑。如果地面土质坚硬无法挖坑，那么也可找些石块垒成一个圆圈，圆圈的大小根据火堆的大小而定，然后将引燃物放在圆圈中间，上面架上干柴后，点燃引燃物引燃干柴。如果引燃物将要燃尽时干柴还未燃起，则应从干柴的缝隙中继续添加引燃物，直到干柴燃烧起来为止。

1. 在野外想要维持生命，需要注意哪些方面？
2. 在野外万一遇到断粮情况怎么办？

滞留游客“变身”志愿者

“一个社会、一个地方的正常运转和良性发展，是每个人共同参与、共同创造的结果。”2022 年 1 月 3 日，云南省景洪市告庄西双景由防疫封控区调整为防范区的第 2 天，也正好是来自成都的滞留游客邱薇薇在告庄西双景景区当志愿者的第 8 天。看着不少滞留游客拿着离景通行证离开景区，她开心地告诉记者：“没想到出来旅游变成了志愿者，这次经历实在太奇妙了。”

邱薇薇从普洱出差经景洪转机回成都途中，来到告庄西双景旅游打卡。然而，突如其来的新冠疫情，让她的旅行变成了泡影。

2021年12月26日，她入住告庄西双景。12月29日告庄西双景被列为封控区，严格落实居家隔离措施，回不了家的邱薇薇瞬间变成了滞留游客。“汶川地震、成都三次新冠疫情的经历，让我对突发事件和封闭隔离有了足够的心理准备，并没有慌乱。”很快，她制订了应对计划：购买储备食品等生活物资，寻找价格合适的酒店，了解疫情进展情况和相关政策，为请假做准备，与家人沟通，并配合疫情防控做好核酸检测、居家隔离等。

突发疫情初期，疫情信息不明、物资储备不足、游客情绪焦虑、工作人员工作量剧增……看到这些，热心的邱薇薇站了出来，主动向景洪市江北街道办文化站站长玉应香了解情况，并分享有效沟通、明确分工、收集信息、分类处置、精准对接、快速执行等方法。同时，申请加入志愿者团队，着手建立生活物资保障群，与来自上海、北京等地的4名游客志愿者分工合作，迅速开展物资对接、微信群管理、信息发布、安抚情绪等工作。“经历各种突发事件、遭遇多次灾害的经验让我总结出一点，面对危机，不能想着靠别人来救，首先要学会自救。”邱薇薇笑着说道，成都人特有的热情爽朗、责任担当、主动作为等特质，在这个38岁的企业管理者身上显露无遗。

基于这样的认识和自身的管理、执行能力，邱薇薇和志愿者团队马上向滞留告庄西双景的游客发布、收集信息，“你的名字、电话号码、酒店住址”“你有什么困难、需要什么帮助”“你需要什么物资”……并很快制作出“特别关爱名单”，与当地志愿者协同配合，把四处募集到的生活物资精准发放，对老弱病残孕优先照顾。每天，送米送面、送医送药、送菜送饭，接受咨询，安抚情绪，上情下达，下情上报，滞留游客的情绪慢慢平缓，生活逐步走向正常。在邱薇薇志愿团队和本地工作人员、志愿者的帮助下，生活困难的老人拿到了食物，外籍人士找到了翻译，患病游客得到了救助，很多游客放下焦虑，安心宅在酒店，开始线上工作、看书追剧、刷屏交流，有的重拾兴趣爱好，写生画画、锻炼身体、制作美食，享受这特别的假期隔离生活。

2022年1月2日，景洪市发布第47号通告，告庄西双景由封控区调整

为防范区，具备条件的滞留游客可有序离景，来自四面八方的游客陆续返回家园。“小姐姐，我离开西双版纳了。虽然没能加入志愿者队伍，但你们所有抗疫人员才是最可爱的人，致敬所有为景洪疫情奋战日日夜夜辛苦的人。”临行前，一位上海游客发微信向邱薇薇致敬并告别。

“待到春暖花开、一切安好时，我还会再来旅游，这是我与西双版纳的特别缘分。”邱薇薇充满期待地说。

（资料来源：搜狐网，有删改）

讨论：

1. 你从邱薇薇身上学到了什么？

2. 结合材料，谈谈如果旅游过程中遭遇突发事件，我们应该以什么样的心态来应对？

社会篇

——面对复杂社会　抵制致命吸引

开篇寄语

在校期间，中职生除了正常的学习生活外，还要走出学校参加各种各样的社会活动，在这种情况下，中职生作为弱势群体往往成为犯罪分子伤害的对象。很多中职生缺乏社会经验，尤其是缺乏安全常识，因此，加强中职生的安全教育，不断增强中职生的安全意识和自我保护能力，已经成为社会的共识，具有迫切性和必要性。

育人目标

1. 自觉拒绝“黄赌毒”，树立正确的人生观。
2. 掌握预防沉迷网络的方法，抵御不良网络信息的侵害，健康上网。

第一课 珍爱生命，远离毒品

案例引入

某市一位学业优秀的中职生，因好奇初次尝试了毒品，此后便一发不可收拾，渐渐染上了毒瘾。为了支付昂贵的吸毒费用，他常常向亲戚朋友借钱，最后发展到偷父母的钱或卖掉家中贵重的物品。吸毒使这名中职生的学习成绩急剧下降，精神萎靡不振，表情麻木。最后，这名中职生因吸毒过量而失去了生命。

知识探究

珍惜生活，远离毒品

一、毒品

1. 什么是毒品

按照《中华人民共和国刑法》的规定，毒品是指鸦片、海洛因、甲基苯丙胺（冰毒）、吗啡、大麻、可卡因以及国家规定管制的其他能够使人形成瘾癖的麻醉药品和精神药品。

2. 新型毒品与传统毒品的区别

新型毒品大部分是通过人工合成的化学合成类毒品，而鸦片、海洛因等麻醉药品则主要是由罂粟等毒品原植物再加工而成的半合成类毒品。所以，新型毒品又叫“实验室毒品”“化学合成毒品”。

新型毒品对人体主要有兴奋、抑制或致幻的作用，而鸦片、海洛因等传统的麻醉药品对人体则主要起镇痛、镇静作用。

海洛因等传统毒品吸食者一般是在吸食前犯罪，由于对毒品的强烈渴求，为了获取毒品而去杀人、抢劫、盗窃；而冰毒、摇头丸等新型毒品吸食者一般在吸食后会出现幻觉、极度的兴奋、抑郁等精神病症状，从而行为失控造成暴力犯罪。

二、吸毒

吸毒是吸食、注射毒品的违法行为。

在我国，过去传统吸毒者使用的毒品主要是鸦片（大烟），吸食鸦片的方式是从口鼻吸入。在民间，“吸毒”与“吸大烟”是一回事。现在吸毒的内涵扩大了，一是毒品的范围扩大了，即凡是因非医疗目的而滥用麻醉药品与精神药品的行为都是吸毒；二是吸毒的方式增多了，由过去单一的口鼻吸入发展为口服、肌肉注射和静脉注射等。

三、青少年吸毒的原因

通过对青少年最初接触毒品情况的调查，发现青少年吸毒的主要原因有以下几种。

（1）交友不慎，相互效仿，同流合污。

（2）盲目好奇，不加分析，消极效仿。

（3）不良家庭和社区环境的影响，造成心理发生畸变。

（4）追求享乐，寻求刺激，腐化堕落。

（5）受他人引诱、教唆、欺骗。

四、吸毒对人体健康的损害

毒品对人体健康的损害是多方面的。

（1）吸毒损害人的大脑，影响中枢神经系统的功能。

（2）吸毒影响心脏功能、血液循环及呼吸系统的功能。

（3）吸毒者或其配偶生下的畸形儿屡见不鲜。

（4）吸毒导致人的免疫力下降，容易感染各类疾病。

五、青少年要远离毒品

毒品这种能暂时使人产生幻觉的东西，实际上是严重损伤人体、毁灭生命的“白色恶魔”，是扼杀人类生命的杀手。毒品有极高的成瘾性和依赖性，人一旦有了第一次尝试，接着就会有第二次、第三次，最终走上自毁之路。因此，毒品一次也不能尝。

思政元素

缉毒警察的马赛克人生：当脸上不再有马赛克，意味着他们已牺牲

有这样一群人，他们习惯了寂寂无名，他们的脸出现在视频中时也永远打着沉重的马赛克。因为一旦他们的身份信息被公之于众，往往就意味着他们已然牺牲。他们是这个时代真正的无名英雄，他们有一个共同的名字——缉毒警察。

张子权，云南省临沧市公安局禁毒支队的一位民警。2020 年 12 月 15 日，在一次外出侦办案件中突然倒地，最后因为过度劳累抢救无效而牺牲，时年仅 36 岁。在缉毒岗位工作的 9 年，张子权参与侦办重特大贩毒案件 158 起，缴获毒品 27.7 吨，破获制毒物品案件 46 起，缴获制毒物品 1186.2 吨。张子权曾说："我没有刻意地选择这条路，但感觉自己就是要当警察。"他和他的两个哥哥都进入了公安队伍，而这一切也许都是深受父亲的影响，他拼命工作也是为了告慰父亲的在天之灵。张子权的父亲名叫张从顺，是当时镇康县公安局军弄派出所的所长。1994 年，张从顺和战友一起侦办一起跨国贩毒案，毒贩暴力反抗时故意引爆手榴弹，张从顺为了保护战友不幸壮烈牺牲。

缉毒警察是和平时期伤亡率最高的警种，他们受伤的概率是一般警察的十倍。作为中职生，理应了解毒品对于个人、家庭和社会的巨大危害，树立正确的世界观、人生观和价值观，远离毒品，从我做起！

反观自我

想一想你听到或见到的吸食毒品的案例，说一说你对毒品危害性的认识。

毒品对人的危害

1. 生理依赖性

毒品作用于人体，使人体产生适应性改变，形成在药物作用下新的平衡状态。此后，一旦停止使用毒品，生理功能就会发生紊乱，出现一系列严重的生理反应，这种戒断反应会让人感到非常痛苦。吸毒者为了逃避戒断反应的痛苦，就必须定时吸毒，并且不断加大剂量，终日离不开毒品。

2. 精神依赖性

毒品进入人体后作用于人的神经系统，使吸毒者出现一种渴求用药的强烈欲望，驱使吸毒者不顾一切地寻求和使用毒品。

一旦出现精神依赖后，即使经过脱毒治疗，在急性期戒断反应基本控制后，要完全恢复原有生理机能往往也需要数月甚至数年的时间。更严重的是，对毒品的依赖性难以消除，这是许多吸毒者持续吸毒的原因，也是世界医学界、药学界尚待解决的难题。

3. 毒品危害人体的机理

海洛因属于阿片类药物。在正常人的脑内和体内一些器官中，存在着内源性阿片肽和阿片受体。在正常情况下，内源性阿片肽作用于阿片受体，调节着人的情绪和行为。

人在吸食海洛因后，抑制了内源性阿片肽的生成，体内逐渐形成在海洛因作用下的平衡状态，一旦停用就会出现不安、焦虑、忽冷忽热、起鸡皮疙瘩、流泪、流涕、出汗、恶心、呕吐、腹痛、腹泻等症状。这种戒断反应的痛苦，反过来又促使吸毒者为避免这种痛苦而千方百计地维持吸毒状态。

冰毒和摇头丸在药理作用上属于中枢兴奋药，会毁坏人的神经中枢。

1. 青少年吸毒的原因有哪些?
2. 为什么毒品一次也不能沾?

第二课　珍惜生活，远离赌博

案例引入

某市一位中职生，经常用父母给的零花钱去玩赌博机，结果上了瘾，经常旷课逃学，从偷父母的钱到拦路抢劫同学的钱去玩赌博机，最后辍学在外，走上了违法犯罪的道路。

知识探究

远离赌博

《中华人民共和国刑法》第三百零三条明文规定了“赌博罪”，禁止任何以营利为目的的赌博行为。但是，青少年赌博却时有发生。

一、导致青少年赌博的主要因素

社会上赌博风气的盛行是导致青少年学生参加赌博活动的重要因素。禁赌一般是禁大型赌博活动，以至于有些人认为小赌小玩是合法、正当的娱乐。在一些地方，赌博活动成了一种社会时尚，它潜移默化地影响着青少年。此外，许多成年人，特别是一些父母赌博，也对子女造成了一定的影响。久而久之，子女慢慢地学会了赌博。

从青少年自身来说，他们缺乏判断能力，不能正确地分析社会上赌博之风的危害，是非观容易混乱。同时，赌博的行为方式有新奇性，能吸引他们。因此，就像玩其他游戏一样，青少年对赌博活动容易上手，而且上手后不易放下。

二、青少年赌博的危害性

大量事实证明，参与赌博的青少年学习成绩都会有不同程度的下降，而且陷入赌博活动的程度越深，学习成绩下降得就越严重。

另外，由于赌博活动的结果与金钱、财物的得失密切相关，因此参与者往往全力以赴，精神高度紧张，精力消耗大。经常参与赌博活动会诱发严重的失眠、精神衰弱、记忆力下降等症状。同时，赌博活动还会严重损害人的心理健康，造成心理素质下降。赌博参与者的道德品质也会下降，社会责任感、耻辱感、自尊心都会受到严重削弱，甚至会为了赌博而违法犯罪。

再者，赌博会使青少年把人们之间的关系看成赤裸裸的金钱关系，逐渐成为自私自利、注重金钱、见利忘义的人。

三、青少年怎样避免沾染赌博

(1) 青少年自己不能参与赌博，还应劝阻家长不能沾染赌博这一恶习。

(2) 避免染上赌博的毛病，还应纠正两种错误思想：一种是“玩小不玩大”，即认为“输赢的钱不多，没关系”，其实不然，赌徒是由小赌到大赌的；另一种是“不好意思拒绝”，聚众赌博是违反《中华人民共和国治安管理处罚条例》的，在关系到违法不违法的是非面前，不能糊里糊涂地犯错误。

四、抵制赌博的正确方式

抵制赌博正确的方式是“坚持原则，灵活应对，加以制止”。

1. 坚持原则

坚持原则即在任何时候、任何场合、任何情况下，不管是同学还是朋友怂恿自己赌博，都坚决不参加。

2. 灵活应对

灵活应对即别人在怂恿自己参与赌博时，要找出各种理由，甚至是借口加以拒绝。

3. 加以制止

发现同学或朋友参与赌博时，要从关心、帮助的角度出发，采取适当的方法进行劝阻。若无效果，则可向老师和学校报告，及时挽救他们。

你身边有没有赌博的现象？如果存在，你应该怎么做？

学以致用

如果有人请你玩赌博机，你该怎么办？

第三课 守护健康，远离烟酒

案例引入

部分成人对烟酒的嗜好往往容易让日渐成长的青少年误以为吸烟、喝酒是成熟的象征。中职生丁丁在朋友、同伴的劝说下，与烟酒有了第一次接触，此后就迷恋上了烟酒。虽然他尝试了“当大人的味道”，但不幸的是，在一次体检中，丁丁确诊为早期肺癌。可见，烟酒给丁丁带来了可怕的灾难。

一、吸烟、喝酒的心理因素

1. 对“偶像”的模仿心理

很多中职生心里都有他们崇拜的偶像，如家长、名人、影视明星等。他们常常因羡慕偶像的言行、举止而刻意模仿他们，当然也包括偶像吸烟、喝酒时的“优美”姿态和“潇洒”风度。他们认为自己吸烟、喝酒不仅拉近了与偶像的距离，而且也标志着自身的“成熟”。

2. 交往心理

在社会风气影响下，为了办事顺利、联络感情，常以烟酒引路，此风气对青少年影响明显。某中等职业学校调查表明，人与人之间相互敬烟、敬酒已成为习惯，中职生认为“烟酒可使人产生亲近感，减少障碍，提高办事效率”。

3. 对“压力”的反抗心理

“压力”一般来自教师与家长。例如，超出承受能力的作业量、不加解释的强制性命令、不切实际的过高要求、“蒙冤”式的批评、申辩带来的训斥等，这些对中职生来说都是沉重的压力。当焦虑、怨恨的情绪无从发泄时，他们便借吸烟、喝酒来表示反抗，试图在烟酒的刺激中得以解脱。

二、烟酒对身体的危害

（1）烟对人的气管会产生强烈的刺激和损伤，容易引起气管炎。长期吸烟，这种刺激和损伤就会由气管发展到肺，甚至可能从一般的炎症发展为癌症。

（2）烟里含有各种有害气体，如大量的尼古丁，尼古丁的毒性很大，一定量的尼古丁足以致人死亡。

（3）据统计，吸烟的人得呼吸道疾病、患肺癌的概率要比不吸烟的人高得多。

（4）酒会损伤人的大脑、胃、肝等器官。长期大量饮酒，不仅会对消化器官造成伤害，甚至还会诱发肝大、肝硬化。

（5）大量饮酒会使人头昏，走路、行动都不自主，说话不清，思维迟钝。

反观自我

你有吸烟、喝酒的习惯吗？如果有，学完此课后你会怎么做？

知识拓展

香烟的主要成分

1. 尼古丁

尼古丁是香烟烟雾中极活跃的物质，毒性极大，而且作用迅速。40～60毫克的尼古丁具有与氰化物同样的杀伤力，能置人于死地。尼古丁是令人产生依赖从而成瘾的主要物质之一。

2. 焦油

焦油在点燃香烟时产生，其性质与沥青并无多大差别。有分析表明，焦油中约含有5000种有机和无机的化学物质，是致癌元凶。

3. 亚硝胺

亚硝胺是一种极强的致癌物质。香烟在发酵过程中以及在点燃时会产生一种有毒的亚硝胺。

4. 一氧化碳

吸烟时，烟丝并不能完全燃烧，因此会有较多的一氧化碳产生。一氧

化碳与血红蛋白结合，会影响心血管的血氧供应，促进胆固醇增高，也会间接导致某些肿瘤的形成。

5. 放射性物质

香烟中含有多种放射性物质，其中以钋 210 最为危险，它可以放出 α 射线。

除上述有害物质之外，香烟中的有害物质还有苯并芘，这是一种强致癌物质。另外，香烟中的金属镉、联苯胺、氯乙烯等，对癌细胞的形成也会起到推波助澜的作用。

请说说烟酒对人体有哪些危害。

学会自制，切莫沉迷于网络

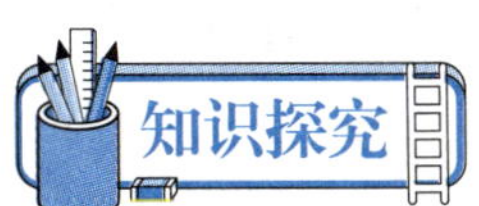

一天，在天津市某 24 层高楼顶上，一名 13 岁男孩双臂平伸、双脚交叉成飞天姿势，纵身跃起向东南方向的海“飞”去。这不是电影镜头，也不是网络游戏情节，而是一幕真实的惨剧。

在离新年的钟声敲响还有 4 天时，这名沉溺网络游戏难以自拔的男孩，选择了一种极端的方式离开了这个世界，把无限的痛苦和思念留给了他的亲人。

知识探究

网络是一个信息的宝库，同时也是一个信息的垃圾场。网上各种信息良莠不齐、真假难辨，由于缺乏有效的监管，一些不良信息对于是非辨别能力、自我控制能力和选择能力都比较弱的青少年来说，会产生极大的负面影响。个别网吧（咖）经营者更是抓住青少年这一特点，包庇、纵容、支持他们登录不良网站，使他们沉迷网络不能自拔。一些青少年也因此入不敷出，甚至走上偷盗、抢劫、强奸、杀人的犯罪道路。

一、青少年沉迷于网络的原因

1. 猎奇心理的驱使

青少年正处于成长阶段，自控能力较差，辨别是非的能力不强，面对纷繁复杂的社会，他们充满了猎奇心，渴望通过自己的视角尝试新鲜事物，了解社会、参与社会。虚拟、不设防的网络恰好为他们提供了这一空间，使他们把虚拟的网络和现实生活中的是与非混为一谈。

2. 抵挡不住游戏的“魅力”

青少年的知识、心理、人生观、价值观以及意志力都处在薄弱的培养时期，而网络游戏近于完美的画面和声音效果、吸引人的游戏情节，能够让人在玩的过程中，领略到现实生活中无法感受到的惊险、紧张与刺激。加之网络游戏的互动性、仿真性和竞技性，使玩网络游戏的人在虚拟的环境里，与不同的人在同一时刻，为同一个目标，或合作，或对抗，或较量，从中感受到现实生活中感觉不到的力量和智慧，得到现实社会中无法实现的自我肯定及他人的认可，从而获得心理上的满足。

因此，对于意志力薄弱的青少年来说，一旦接触网络游戏，往往就会被它的“魅力”吸引、征服，甚至形成“网络成瘾症”，整日沉溺其中，荒废学业，不能自拔。

3. 家庭教育欠缺，学校教育不当

由于过分强调成绩，青少年缺乏与家长或老师的知识和思想的交流与沟通，这使他们产生压抑、焦虑、孤僻、自卑和逆反等心理，于是一些青少年便到网络世界中寻求所谓平等和自由的交流、沟通方式，从网络游戏中寻找刺激。

4. 社会监管的漏洞，少数不良网吧（咖）的诱导

虽然我国对未成年人进入网吧（咖）等互联网服务营业场所做了严格的限制，但一些网吧（咖）仍缺乏有效的管理措施，可登录含有不健康内容的网站，使具有强烈猎奇心理的青少年无法抵御网络游戏的诱惑以及不良网站对他们灵魂的侵蚀，最终成为网络时代的牺牲品。

二、沉迷于网络的危害

青少年如果沉迷于网络，则容易变得孤僻、冲动和狂躁，对学习逐渐失去兴趣，健康受到严重损害。

（1）长时间上网容易导致疲劳，影响青少年的身心健康。

（2）沉迷网络容易使青少年脱离现实，深陷游戏的虚拟世界，迷失自我，难以自拔，造成精神空虚，荒废学业，甚至诱发各种违法犯罪行为。

案例警示

某中职生李某在同学的带领下，怀着猎奇心第一次涉足网吧，开始学习简单的网络游戏，从此他常常晚归，有时甚至夜不归宿。在网络游戏的诱惑面前，家长的阻止和老师的教诲显得不堪一击。最终，他因寻找网吧消费的经济来源，冒充公安分局实习警员，抢劫董某（15 岁）的手机一部，后又威胁董某打电话叫来其同学于某，劫取现金 50 元和高档自行车 1 辆（价值人民币 1510 元），后被警察抓获。

（3）出现家庭矛盾，影响父母与子女的关系。

案例警示

王某 9 岁那年，父母因感情不和而离婚。父母的离异在她幼小的心灵里留下了无法弥补的创伤，和睦美满的家庭破碎后，她开始沉迷于网络，成绩一落千丈。父亲知道后对她进行生硬的说教和指责，对此早已不耐烦的她，每一次都是默默地听着，可心里认为自己永远也无法与父亲沟通，心理的巨大压力使她和父亲决裂。

三、如何摆脱对网络的依赖

要使青少年摆脱对网络的依赖，必须依靠家庭、学校、网吧（咖）、政府、社会等多方面的监管、引导和教育，青少年也应该加强自我约束，提高自身素质，树立健康积极的人生态度。

1. 家庭

家长要引导青少年正确上网、健康上网，控制上网时间，培养青少年的自控能力和广泛的兴趣爱好，促进青少年身心健康发展。

2. 学校

学校应全面贯彻教育方针，落实校规，加强管理，防止学生逃学。重视学生品德和法制教育，加强学生网络道德、文明教育，增强学生对不良网络信息及其他一切不良文化的抵抗力。加强文化设施建设，开展各种文化活动吸引学生，让学生远离不良网吧。

3. 网吧（咖）

网吧（咖）应树立社会责任感，安装健康网络软件，帮助网瘾患者增强自律意识，杜绝暴力游戏。网吧（咖）应依法经营，不接纳未成年人，并安装限时装置。

4. 政府

政府依法规范文化市场，加强监管力度，关闭不良游戏，开展健康上网、拒绝成瘾等教育活动。建设绿色上网场所，创造条件让青少年积极参与各种健康有益的文化活动和道德实践活动。鼓励开发绿色网络产品。

5. 社会

全社会共同参与管理，加强舆论监督。开展多种形式的精神文明创建活动，营造良好的文化环境。

6. 青少年自身

（1）依法自律，不进营业性网吧（咖）。

（2）听从老师和家长的教导和监督，不浏览不良信息，文明上网。

（3）自觉遵守法律和法规，充分认识网瘾的危害性和学习的重要性。提高个人素质，参加各种有益的活动，转移注意力，培养健康人格。

（4）合理利用网络资源，控制上网时间，选择健康内容，不沉迷于网络。不模仿网络游戏中不健康的内容，自觉抵制不良文化的侵袭，并同各种违法和损害精神文明的行为作斗争。

四、如何抵御不良网络信息的侵害

1. 提高对网络信息的辨别能力

提高对网络信息的辨别能力，避免网络不良信息的侵害，主要方法如下。

（1）安装比较成熟的网络防护软件。

（2）对浏览器进行分级审查设置。

（3）浏览网页时，不要点击广告窗口。在打开网站时，自动弹出的一些广告窗口应及时关闭。

（4）坚信“天下没有免费的午餐”，对于网络中“送大礼”“点击赚收益”等诱惑要保持清醒的头脑，不点击、不上当。

做到上述要求，可以有效抵御一些不良网络信息的侵扰。

2. 利用可以信赖的搜索引擎

利用良性的搜索引擎可以有效地搜索到需要的信息，达到事半功倍之效，因此，青少年一定要掌握一些常用的搜索引擎使用方法。

3. 记住对自己有帮助的常用网址

青少年使用自己的计算机上网时，可以利用收藏夹便捷地收藏对自己有帮助的一些网址；在网吧上网时，可以利用邮箱等记录对自己有帮助的网址，以便下次能方便快捷地查找到这些网页。同时，教师可以组织开展一次以常用网址为主题的班会，让青少年了解哪些网址对学习、工作比较有益，讨论这些网址都有哪些方面的信息，如何利用这些信息等，通过讨论帮助青少年学会搜索、鉴别，引导青少年关注那些绿色网站。青少年可以为自己制作一份上网浏览计划书，将一些较为著名的大型门户网站、对自己有帮助的绿色网站作为浏览首选。

4. 不安装不成熟和来历不明的软件

有些不良网络信息会附带在某些软件上，只要安装了这种软件，在使用时便会出现大量的不良信息，青少年必须警惕此类不良软件。不安装不成熟和来历不明的、存在风险的软件，以免软件夹杂的病毒危害计算机系统。上网注册填信息时，尽量不要公布自己的电话、学校、邮箱等隐私信息，避免垃圾邮件、垃圾短信等不良信息的侵扰。

近年来，发现多起通过青少年电话对其家长进行诈骗的案件，为了防止家长上当受骗，青少年在登记自己的个人信息时应特别谨慎。有些单位和个人以开展问卷调查、有奖办理银行卡等为由，登记顾客个人信息，并将顾客个人信息如工作单位、职业、手机、家庭电话等贩卖给他人，给不法分子以可乘之机，对青少年家长进行欺诈，或者给青少年发布不良信息，给青少年及其家庭造成极大的负面影响。

五、青少年学生上网的安全策略

1. 合理取舍网络信息

青少年时期，主要目标是学习信息处理方法，锻炼交流能力和对社会的适应能力，培养信息素养。通过互联网，青少年可以学习如何检索、核对、判断、选择和处理信息，以达到对信息的有效利用。

2. 正确对待网络游戏

网络是一种学习和工作的工具，也是一种娱乐工具。目前，部分青少年对网络的兴趣往往不是来源于网络上丰富的学习资源，而是来源于对网络游戏的热衷。因此，如何引导青少年正确对待网络游戏、激发青少年正确的学习动机就显得十分重要。青少年现在还处于学习知识的重要阶段，应把计算机作为一种帮助学习的工具，而不是作为高级的游戏机。喜欢玩游戏的青少年如果想自己编出更好玩、更有趣的游戏程序，那么从现在开始就要努力学习计算机知识，努力成为一个出色的游戏程序设计师。

3. 网上交友须谨慎

目前，网上聊天交友已成为青少年中的一种常见社交方式。但是，有些青少年因迷恋网络而影响正常的学习，导致学习成绩下降；有的青少年沉溺于虚拟的网络交往，影响了现实生活中与父母、老师、同学的交流；有的青少年甚至陷于不切实际的网恋而不能自拔。因此，青少年应正确看待网络，正确处理虚拟和现实的关系。

4. 增强自控能力，加强自我保护和约束

青少年学生要慎重选择上网场所、上网时间、浏览网页的内容，必要时可以采取限时措施，每次上网1～2小时，坚决抵制不良网站的侵袭。上网时要保持高度警觉，不要理会陌生人的搭讪，谢绝陌生人的盛情邀请，回避陌生人的无理要求，规避恶意网站、不良网络游戏、不良网吧，以及“黑客”教唆陷阱、邪教陷阱、网恋陷阱、淫秽色情陷阱等，防止遭受非法侵害。

六、青少年使用网络应自觉遵守的道德规范

（1）自觉避免沉迷网络。适度地使用网络对学习和生活是有益的，但长时间沉迷于网络对人的身心健康有极大损害。现实中一些人上网成瘾，沉迷于网络不能自拔，耽误学业，甚至放弃学业或导致家庭关系破裂。值得人们警惕的是，沉迷于网络尤其是网络游戏已成为近年来青少年刑事犯罪率升高的重要原因之一。青少年应当从自己的身心健康发展出发，学会理性对待网络。

（2）养成网络自律精神。网络的虚拟性以及行为主体的匿名隐蔽特点，大大削弱了社会舆论的监督作用，使得道德规范所具有的外在压力的效用明显降低。在这种情况下，个体的道德自律成了维护网络道德规范的基本保障。“慎独”是一种很高的道德境界，信息时代十分需要，在网络生活中培养自律精神，在缺少外在监督的网络空间里，自觉做到自律且“不逾矩”。

（3）进行健康网络交往。网络已成为一种人际交往的媒介和工具。人们可以通过网络收发邮件、实时聊天、视频会议、留言交友等。网络交往要做到诚实无欺，不应该通过网络进行色情、赌博活动，更不能在网络上侮辱、诽谤他人。应通过网络开展健康有益的交往活动，在网络交往中树立自我保护意识，不要轻易相信、约见网友，避免受骗上当。

（4）正确使用网络工具。要遵守网络法规，遵守职业道德，尊重民族感情，遵守国际网络道德公约，具体应做到：不涉足不良网站，不浏览不良的内容；不用计算机去伤害他人；不侵扰别人的计算机；不窥探别人的文件；不用计算机进行盗窃；不用计算机做伪证；不使用或复制没有付费的软件；未经许可不使用他人的计算机资源；不当黑客；不利用网络偷窥他人隐私；不对英雄人物和红色经典作品进行恶搞；不修改任何网络系统文件；不破坏任何系统，尤其不要破坏他人的文件或数据；不在网上发布虚假信息，不实施坑蒙拐骗、敲诈勒索等行为。

七、计算机使用中的违法行为

计算机违法犯罪所具有的高智能性、高隐蔽性等特点，对计算机专业人员和青少年具有诱惑性。据统计，当今世界上发生的计算机犯罪案件，70%～80%是计算机行家所为。从我国的情况来看，在作案者中，计算机工作人员也占70%以上。计算机违法犯罪趋于知识化、年轻化。国外已经发现的计算机犯罪案件中，罪犯年龄在18～40岁的占80%左右，平均年龄只有23岁。可以说，青少年是计算机违法犯罪的高危人群，中职生正处于青少年阶段，更应该特别注意预防涉及计算机的违法犯罪心理。计算机违法主要由以下几种心理驱使。

1. 好奇和尝试心理

有些人学会了使用计算机，就想做新的尝试，想试试自己能否破解别人设置的密码，从此一发而不可收。

2. 恶作剧心理

有些人缺乏社会责任感和自我约束能力，法纪观念淡薄，把计算机犯罪当成恶作剧，专门捉弄别人。

3. 畸形智力游戏心理

有些人自恃身怀计算机绝技，把网络当成表现高智商的天地，解密攻关成瘾，专门挑战军事部门、政府机关，进行非法揭秘活动。

4. 侥幸心理

有些人认为利用计算机做违法的事不会留下痕迹或证据，认为执法机关精通计算机的人不多，未必能侦破案件。

5. 报复心理

有些人因为与人有矛盾或感到遭受不公正的待遇等情况，通过计算机实行报复。

6. 图财牟利心理

一项研究表明，促使犯罪者实施计算机犯罪的最主要的因素是个人财产上的获利，以及进行犯罪活动的智力挑战。

7. 网络综合征

个别青少年上网成瘾，“珍惜”上网的分分秒秒，连上厕所都舍不得离开计算机，特意买了许多纸尿裤备用。据报道，某中职生，一段时间以来，每天早上 8 点进机房，晚上 9 点才出来，沉醉于虚拟世界，产生了网络心理障碍。

8. 网络偏执狂

一项网络调查结果表明，每周上网时间超过 5 小时的网民就已经成为轻度网络偏执狂，他们与别人面对面的交流减少，迷恋虚拟世界里的匿名交流，无法自拔。其本质是逃避现实生活中应承担的人际关系责任，自认为匿名进行网络聊天不需要对其他匿名者承担任何责任。

你的身边有沉迷于网络的同学吗？说一说你对此的看法。

长时间使用计算机的危害

1. 直接影响身体健康

计算机伴有辐射与电磁波，长期使用会伤害人的眼睛，诱发一些眼部疾病，如青光眼等；长期敲击键盘对手指和上肢不利；操作计算机时，坐姿很少有变化，高速、单一、重复的操作，容易导致肌肉骨骼系统的疾病。计算机操作时所涉及的主要部位有腰、颈、肩、肘、腕等。

计算机低频电磁辐射，也可能引起人们中枢神经失调。一项办公室电磁波研究证实，计算机屏幕发出的低频辐射与磁场，会导致多种病症，包括眼睛痒、颈背痛、短暂性失忆、暴躁及抑郁等。

此外，计算机、激光打印机等设备还会释放对人体健康有害的臭氧，不仅有毒，而且可造成某些人呼吸困难，对于那些哮喘病和过敏症患者来说，情况就更为严重了。另外，较长时间待在臭氧气体浓度较高的地方，还会导致肺部发生病变。

2. 增加精神压力和心理压力

在长期操作计算机的过程中，人的注意力高度集中，眼睛、手指快速频繁运动，使生理、心理负担过重，从而导致睡眠多梦、神经衰弱、头部酸胀、机体免疫力下降，甚至会诱发一些精神方面的疾病。这种人易丧失自信，内心时常紧张、烦躁、焦虑不安，最终导致身心疲惫。

3. 导致网络综合征

长时间无节制地花费大量时间和精力在互联网上持续聊天、浏览，会导致各种行为异常、心理障碍、人格障碍、交感神经功能部分失调，严重者可发展为网络综合征。网络综合征的典型表现为情绪低落、兴趣丧失、睡眠存在障碍、生物钟紊乱、食欲下降和体重减轻、精力不足、自我评价降低、思维迟缓、不愿意参加社会活动、很少关心他人、饮酒和滥用药物等。

1. 如果有好朋友拉你去网吧玩网络游戏，你该怎么做？
2. 怎样做才能避免沉迷于网络呢？说说你的看法。

思政园地

行走在刀尖上的缉毒警察：坏的是毒品，不是人性

穷凶极恶、铤而走险、瘾君子、亡命徒，这是人们对毒贩的印象，而与他们暗中对峙、正面交锋的缉毒警察可谓“行走在刀尖上的人”。北京市公安局东城分局禁毒大队常警官工作近22年，他拿下过狠案子，也遇到过大遗憾，直面过凶险，也在情感上纠结过。外行人对这份职业表现出来的是好奇，而在他看来这份工作最大的特点是“辛苦”，激战虽然有，但更多的是日常孤独而紧张的等待、坚持。只有完结的案子和未完结的案子，节假日反而是个陌生词。

“我的从业经历很简单，工作20多年，只干过一个警种，就是缉毒。从侦查员一步一步到探长，然后再到中队长、副大队长。”常警官用“干一行爱一行”来描绘自己的状态。曾经他也有调去其他部门的机会，但是他总说“不走”。

常警官介绍，他毕业于北京体育大学，在进入警察队伍前，对缉毒警察最多的认知来自上大学时候看的电视剧《永不瞑目》，那会儿的感觉估计和现在大家对缉毒警察的感觉一样，也有很多的问号，感觉很神秘。抓捕的场面真的有那么紧张刺激吗？为了搞清楚毒贩和谁交接，要蹲那么久？

后来自己竟然成了电视剧里的那类人。

常警官刚进入缉毒大队时没经验，理论学习只是一部分，重要的还是要靠师傅们传、帮、带。而且那时候的侦查手段单一，只能当侦查对象的“影子”，就是靠眼睛和腿，只要嫌疑人出了家门，无论是吃饭、买东西，还是陪女朋友逛街，我们一刻不敢眨眼，神经紧绷，天天围着他们的生活节奏转，自己的吃喝拉撒节奏就全部乱套了。

常警官讲述，记得有一次在一个毒贩家楼下蹲守时，不仅带了食物和水，还备了几个空瓶子。水用来喝，空瓶子用来方便，当时北京正值仲夏，即使是30℃的高温也不敢开空调，窝在车里整整四个小时，汗流浃背，气味一言难尽，而这种情形是常态。

常警官形容，缉毒警察和毒贩之间就像猫鼠游戏，他跑我追，他打的洞再多，最后都躲不过好捕手。禁毒侦查员无论是外围侦查，还是到案抓捕，都要靠丰富的经验、缜密的判断、战友的配合和群众的支持，即便如此也不可能百分之百成功。

随着国家打击毒品的力度加大，涉毒人员生存空间越来越小，他们清楚如果被抓，等待他们的刑罚会很重，所以，他们面对缉毒警察时总是抱着一种拼命的态度。因此，作为一名缉毒警察，随时都要做好流血牺牲的准备。

“在抓捕一名毒贩的时候，他想翻墙逃跑，我紧追上去从身后把他抱拽了下来，他手里挥舞着利器反抗，我全力把他压住，等支援的同事来后我们一同把他制服。”常警官回忆，制服后才看清楚对方挥舞的是一把立体三棱军刺刀，刀刃带血槽，有着致命杀伤力。现在想起来都让人后怕，至今他仍记得那把刀挥来的情形，这警示着他危险一直都在。

即便如此，常警官始终认为坏的是毒品，不是人性。很多人吸毒是因为一时贪念或者误入歧途，后来以贩养吸，恶性循环下去。他们之中有的人对毒品的憎恨不比我们少，他们也不恨警察，因为他们也想过正常的生活。

曾经有一个嫌疑人不仅自己吸毒，从外地开车回京时还受人委托带了毒品，被查出后因运输毒品罪被判刑。“他出狱后又过了几年还来找过我，大意是自己现在走上正途了，还在外地开了一家旅游公司，混得不错。”戏剧性的是，2012 年前后他再次被常警官抓获，碰面的瞬间很尴尬。“一个大老爷们儿抬不起头，而我的内心，又气又惋惜，但终归，他还是要因此付出代价的。”每每接到曾经抓获的嫌疑人改邪归正后打来的报喜电话，常警官心里还是会忐忑，不是不愿意听到他们的消息，只是觉得没有消息就是最好的消息。

缉毒 20 多年了，常警官不想炫耀自己有多么厉害，面对工作调动的机会时他仍然没动心。“因为热爱缉毒，我愿意继续干下去，我还有很多劲儿可以使。”常警官说，如果自己不能继续干，别人也要干，他就想用这么多年的经验，多带几个徒弟出来。

讨论：

1. 结合材料分析常警官身上的哪些品质值得我们学习。
2. 现在流于市面的毒品种类和包装多种多样，我们应该如何防范？

职场篇

——实现人生价值　走向美好未来

开篇寄语

“安全第一，预防为主”是我国安全生产工作的方针，职业安全卫生状况是国家经济发展和社会文明程度的标志，保障劳动者在工作过程中的安全与健康是保持社会稳定和经济持续发展的重要条件。中职生在学校里学习基本职业安全知识，不仅可以在学校的实训学习中保障自己的安全，也可以为未来职业生涯的安全打下良好的基础。

育人目标

1. 强化职业技能安全知识，塑造职业核心能力。

2. 提前形成科学的职业认知，树立正确的职业价值观，从而更好地选择职业，健康从业。

第一课　了解安全技术

案例一：某厂电工李某正在抢修配电设备，当他侧身歪头去检修一根电缆时，头部不慎碰到另一台正在运行的刀闸，万幸的是，李某戴了安全帽，避免了一起头部撞伤和电灼伤的惨痛事故的发生。

案例二：某校学生刘某到某钢厂实习。一日，钢厂3号化铁炉出铁时，刘某站在师傅旁边观看出铁情况。出铁过程中，因容器潮湿突然爆炸，铁花飞溅，刘某因未戴防护镜，右眼溅入绿豆粒大小的铁珠，他当即大声痛叫并用双手捂住右眼，师傅速送刘某到医务室并转至医院治疗。因铁珠温度过高和飞溅冲击力太大，小刘右眼眼球被严重灼伤，经过一个多月的治疗，他的右眼还是失明了。

一、机械伤害与安全

机械伤害是指机械加工过程中引起的伤害。在工业生产中，机械伤害占相当大的比例，在职业事故中大约有20%是机械伤害。机械伤害包括机器工具伤害（包括辗、碰、割、戳等）、起重伤害（包括起重设备运行过程中所引起的伤害）、车辆伤害（包括挤、压、撞、倾覆等）、物体打击（包括落物、锤击、碎裂、砸伤、崩块等）。

我们想要减少和消除机械伤害，应采取以下安全技术措施。

（1）采取隔离的方法，即把人与可能伤害人的事物隔离开来。

（2）采用闭锁的技术，如金属冲床的闭锁装置。

（3）采用个体防护的方法，即操作者利用工装、工具进行有效防护。

（4）严格遵守操作规程。

（5）实现机械本质安全化，即自动停机、连锁等。

（6）信息警示，即出现危险后，自动发出声光报警。

二、电器伤害与安全

电器伤害事故大体分为以下五种形式。

（1）电流伤害事故：人体触及带电体所造成的人身伤亡事故。

（2）电磁伤害事故：机械设备、电器产生的辐射伤害。

（3）雷击事故：属于自然灾害，是自然因素造成的。

（4）静电事故：生产过程中产生的静电所引起的事故。例如，塑料和化纤制品摩擦容易产生静电，严重时可引起爆炸和火灾。

（5）电气设备事故：电气设备的绝缘失效或机械故障产生打火、漏电、短路而引起触电、火灾或爆炸事故。

防止电器伤害事故的发生，必须从掌握用电技术、严格管理、学习电器知识、电气设备本质安全化、采用安全防护和安保措施、电器伤害后人的自救和互救等方面做工作。

三、工业防火与防爆

火灾与爆炸会给人类和社会造成巨大的灾难和损失。消防与防爆技术就是防止发生火灾和爆炸事故的根本措施。火灾的出现是燃烧导致的，所谓燃烧，是可燃物质在点火能量的作用下发生的一种放热、发光的氧化反应，火灾则是一种破坏性的燃烧。燃烧产生必须有可燃物质、助燃物质和火源三个条件。燃烧包括闪燃、着燃、自燃和爆炸，大火常常会伴随爆炸。

工业中常见的防火、防爆措施如下。

（1）控制可燃物质。

（2）采用安全生产工艺。

（3）严格控制火源。

（4）考虑安全距离、防爆距离。

（5）加强消防措施和管理。

四、搬运作业安全

工业中的搬运作业是通过人力和机械来实现的。生产过程中由各种起重设备完成原材料、产品、半成品的装卸搬运，进行设备的安装和检修。在搬运过程中如果忽视了安全，那么就会出现倒塌、坠落、撞击等重大伤亡事故。如果起重设备起吊装满熔化金属的耐温锅或酸、碱溶液罐时，出现钢缆断裂，吊物倾落，那么就会引发爆炸、火灾和重大伤亡，造成特大事故。据统计，起重机械事故约占生产性事故的20%。因此，从事搬运工作时应特别注意安全。

保证搬运作业安全要做到：坚持起重机操作人员须经培训、考核、持特种工种证才能上岗的原则；经常检查安全装置，检查装置是否配备超负荷限制器、行程限制器、缓冲器、力矩限制器、制动器、连锁装置、防护装置等；掌握主要安全部件故障排除的方法；熟练掌握起重机操作规程。

五、化工生产环境的安全

化学工业发展到今天，影响到人们社会生活的方方面面，以至生活中充满了化工产品。化工产品在给人们带来利益的同时，也带来了新的问题。由于部分化工原料、化工产品是有尘、有毒的，它们严重危害着生产环境和人身安全与健康。因此，防止化学性事故的发生就显得越来越重要。

防止化学性事故的发生要做到：加强明火管理，厂区内不吸烟；生产区内禁止非工作人员进入；上班时不睡觉、不干私活、不离岗，不干与生产无关的事；上班前、上班时不喝酒；不使用汽油等易燃液体擦洗设备、用具和衣物；进入生产岗位前按规定穿戴劳动保护用品，不使用安全装置不齐全的设备；不动用非自己分管的设备、工具；停机检修后的设备，未经彻底检查的不启用。

六、建筑施工安全

建筑施工伤害是一种常见的职业伤害事故。无论是建筑施工人员、工程技术人员、工地施工管理人员，还是工地负责人员等，都必须学习《建筑安装工程安全技术规程》，熟知本职工作范围、安全法规以及有关的规章制度，注意高空作业安全、土石方工程的安全、机电设备和安装的安全、拆除工程的安全，瓦工、灰工、木工、搬运工等的安全以及施工机械的安全。

要保证建筑施工安全，先要做到水、电、道路通畅，工地平坦；强化现场安全管理，现场要设专职安全员负责安全；制定安全生产制度、安全技术措施；定期检查安全措施执行情况，检查违章作业，检查冬季、雨季施工生产设施安全；注意施工区的安全防护，在现场周围设置围护、屏障，工地上的危险地段、区域、道路、建筑、设备要张贴或悬挂禁止、警告、指令、提示标志；夜间要设置红灯，防止有人误入，预留洞口、通道口的安全防护，必须设围

栏、盖板、架网，所有出入口须设板棚等护头棚；经常检查安全帽、安全带、安全网。

七、生产中常见的压力容器安全

生产中的压力容器是容易发生爆炸的设备。通常这种设备有安全阀、爆破片、压力表、液面计、温度计等安全附件。高压气瓶的安全附件有瓶帽、防振胶圈、泄压阀。为了防爆，国家规定压力容器每年进行至少一次外部检查，每三年进行至少一次内部检查，每六年进行至少一次全面检查。压力容器发生下列任一情况时，应立即报告有关部门：压力容器的工作压力、介质温度或壁温超过允许值，采用各种方法控制仍无效时；主要受压元件发生裂缝、鼓包、变形、泄漏等缺陷时；安全附件失效、接管断裂、紧固件损毁时；发生火灾直接威胁容器安全时。

使用压力容器必须遵守安全操作规程，持证上岗，防火、防爆，保证按期检验，注意安全储存、安全运输。所有压力容器制造单位须经严格的审批，持有压力容器制造许可证，方能生产。

学完此课，你是否把“安全须知”牢记心中？

知识拓展

实习须知

对于即将跨出校门、走上实习岗位的中职生来说，实习是把理论转化为实践的重要环节。中职生在实习时应特别注意下列几点。

(1) 明确实习目的，选好实习单位，制订实习计划。

(2) 签订实习合同（协议）。为保证实习活动正常合法进行，学校或参加实习的个人都必须与同意接纳的实习单位签订实习合同（协议）。合同（协议）内容要具体，责任要明确。

实习人员分配到车间（班组）后，应与车间（班组）负责培训的师傅签订师徒合同，明确教与学的责任，特别工种或有危险的作业场所还应签订安全协议，防止发生危险和意外。

(3) 进行三级安全教育。进入岗位前，实习单位必须对实习人员进行三级安全教育，即厂级安全教育、车间级安全教育和班级安全教育。

学以致用

1. 建筑施工安全需要注意哪些问题？
2. 电器伤害分为哪几种形式？

第二课 防范职业病

案例引入

福建省仙游县东湖村的数十名贵州农民工被发现患有严重硅肺病；广州两家电池生产厂家接受检测的1021名职工中，177人镉超标，2人镉中毒，被确诊为职业病，广东“镉增高”事件受到了舆论的关注；重庆某制药公司车间4名职工患肺癌死亡，“致癌车间”的报道不胫而走。

重大事件的背后，是庞大职业病患者群体的健康损害。

一、我国常见职业病的分类

企业、事业单位和个体经济组织的劳动者在职业活动中，因接触粉尘、放射性物质和其他有毒、有害物质等而引起的疾病称为“职业病”。我国把职业病分为 10 大类 132 项病种。10 大类职业病包括职业性尘肺病及其他呼吸系统疾病、职业性皮肤病、职业性眼病、职业性耳鼻喉口腔疾病、职业性化学中毒、物理因素所致职业病、职业性放射疾病、职业性传染病、职业性肿瘤和其他职业病。

二、高粉尘环境的作业人员防尘肺病

尘肺病是在职业活动中长期吸入生产性粉尘并使粉尘在肺部滞留而引起的以肺组织弥漫性纤维化为主的全身性疾病。尘肺病是主要的职业病之一，而且近几年发病者人数呈上升趋势。尘肺病发病者的年龄越来越小，40 岁前死亡的比例呈上升趋势，此外，接尘工龄越来越短，最短接尘时间不到 3 年。

一般来说，有以下疾病者不要从事高粉尘的职业：①活动性肺结核患者；②慢性肺疾病、严重的慢性上呼吸道或支气管疾病患者；③患有显著影响肺功能的胸膜、胸廓疾病的人；④严重的心血管系统疾病患者。

三、接触有毒化学物质者谨防职业性中毒

近年来，全国急性职业中毒事件时有发生。致病因素中铅及其化合物中毒居首位，其次为苯中毒，锰及其化合物中毒居第三。另外，农村因生产活动引起的农药中毒事件也时有发生，引起生产性农药中毒的主要农药品种为甲胺磷和对硫磷。

总体来说，接触下面这些化学品的工作人员易发生职业性中毒：正己烷、苯、甲苯、二甲苯、二氯乙烷、三氯乙烯、三氯甲烷、有机锡、磷酸三甲苯酯、五氧化二钒、铅、汞、锰、硫化氢、一氧化碳、二氧化碳、二甲基甲酰胺、砷化氢、农药、老鼠药等。

四、在日光和荧光灯下工作的人员防癌变

1. 高原作业、野外作业、户外作业者防癌变

据统计，户外作业人员头颈部皮肤鳞癌和基底细胞癌的发病率常高于室内工作者。这是因为日光中的紫外线照射可引起细胞 DNA 断裂、交联和染色体畸变，紫外线还可抑制皮肤的免疫功能，使突变细胞容易逃脱机体的免疫监视，这些都会引起皮肤鳞癌和基底细胞癌，也可引起黑色素瘤。

2. 长期在荧光灯下工作的人员防癌变

国外研究表明，长时间在荧光灯下生活或工作的人，每星期所接受到的紫

外线照射要比不经常受到荧光灯照射的人多50%，他们发生皮肤癌变的概率也比正常人高。

另外，荧光灯发出的光波，能导致生物体内大量细胞遗传变性，使不正常的细胞数量增加，正常的细胞死亡。

五、高温工作者防热痉挛

在高温且湿度高的地方长时间工作的人员，有时会突然脸色发青，感到头痛、恶心、头晕并发生痉挛，这就叫“热痉挛”。出现这种症状如果不及时处理，则会进一步发展至意识消失，甚至死亡。由于高温时会大量出汗，身体丢失很多水和盐分，血液浓缩，循环不良，所以在高温状态下工作的人员平时应多喝淡盐水（一杯水中加一小匙盐），预防发病。此外，还要常备人丹、藿香正气水等药品，以备不时之需。

六、电焊工作者谨防电光性眼炎

从事电焊工作的人员如果进行电焊操作时不注意佩戴防护面罩，那么眼睛就会被电弧光中强烈的紫外线刺激，从而引起电光性眼炎。另外，还有一些人喜欢观看电焊工人操作，这些人也是电光性眼炎的潜在患者。

电光性眼炎的主要症状是眼睛疼痛、流泪、怕光。从眼睛被电弧光照射到出现症状，一般要经过2～10个小时。电光性眼炎如果继发感染造成角膜溃疡，则会影响视力。万一患上电光性眼炎，建议尽快到医院就医，接受治疗。

国家对防治职业病有具体的规定，所以从事高危职业的人在工作前，一定要仔细研究相关规定及注意事项，做到安全工作，健康生活。

职业病的危害很大，学完此课，你认为应该从哪些方面进行预防？

哪些食物可以预防职业病

职业病是工作环境、工作习惯和工作方式等因素综合促成的结果。除必要的劳动保护以外，有选择地多食用适当的食物，也能够有效地降低职业病的发生。

摄影工作者、X线摄片人员和计算机操作人员，由于经常接触放射线，应多吃高蛋白食品，以补充由放射线损害引起的组织蛋白质的分解；多饮用绿茶，有利于加快体内放射物质的排泄；多食用富含碘的食物，如海带、紫菜等。

汞矿开采作业及气压表、油墨、石英灯、整流器制造人员，由于经常接触汞，应多食用柑橘、胡萝卜、玉米等食物，因为这类食物含有大量的果胶物质，能与汞结合，防止血液中的汞离子大量丧失。同时，该类人员应补充足量的水和盐分，多吃一些含钾较丰富的食品，如黄豆、青豆、绿豆、马铃薯、菠菜、柿饼、香蕉等。

我国常见的职业病有哪些种类？

警惕求职打工陷阱及新型网络诈骗

中等职业学校毕业生陈丽在一车站站牌旁边看到一则招聘启事，上面写着招聘营销助理，月薪数千元。

陈丽与同学一起到该公司去应聘，在通过了面试以后，公司的工作人员称，想当营销助理并拿到高额的薪水，要先到商场去试用一星期，随后两人被安排到一家电器商场卖手机。当时谈好试用期会支付一定的工资。

工作了一星期，两个人每人都为商场卖出四五部手机，便兴奋地到公司领取工资。谁知公司竟然反悔说，这里的销售员每天都能卖出两三部手机，而两人在这里的这段时间反倒影响了商场的销售额，因此拒不支付工资。

求职打工，警惕陷阱

随着就业难度的加大，针对中职生急于求职的心理，各类非法招聘层出不穷，挖空心思骗取中职生的钱财和劳动，让中职生历尽奔波却屡屡受骗。此外，中职生和社会接触较少，思想单纯，安全意识淡薄，自身疏于防范，也使得诈骗分子有可乘之机。

一、警惕求职打工陷阱

1. 常见的求职诈骗

常见的求职诈骗有以下几种方式。

（1）冒充用人单位或中介单位收取就业押金、中介费。

（2）骗取中职生的求职简历，据此向用人企业收取招聘费、信息费。

（3）打着招聘的名义将中职生带入传销陷阱。

2. 常见的打工兼职诈骗

每年寒暑假，许多中职生会加入兼职的行列，在这里，特提醒广大中职生：兼职切忌赚钱心切的心理，以防上当受骗。观察目前的市场情况，上当受骗者不外乎以下几种情况。

（1）白忙一场。一些学生被个人或流动服务的公司雇用，口头约定以月为单位领取工资，但雇主往往会找借口拖延，拖延到一定时间后，公司和雇主就消失得无影无踪。

（2）先付押金。先付押金的骗局通常在招聘广告上称有文秘、打印、公关等轻松、体面的工作，求职者只需交纳一定的押金即可上班。但往往等学生付钱以后，招聘单位又推说职位暂时已满，要学生等候消息，接下来便杳无音讯。

（3）临时苦工。一些小公司特别是个体经营者看准寒暑假中职生挣钱心切的心理，故意将一些苦活、脏活、累活、危险的工作交给他们，又不与他们签订合同，一旦发生工伤等情况，打工的中职生往往索赔无门、欲哭无泪。

（4）传销。中职生本来是来应聘销售或其他岗位的，但到公司应聘时却被连哄带骗地先买下一些货品，然后公司再让应聘者如法炮制地去哄骗其他人，并用高回扣做诱饵，中职生一旦上当，往往会白搭上一笔钱，甚至人身安全可能受到威胁。

（5）模特、特种行业。在模特、特种行业中的骗局主要形式如下：公司称招模特或开办歌星、影星培训班，然后要中职生花大价钱拍艺术照参加遴选，最后再找借口说应聘者条件欠缺而予以拒绝；也有的是以娱乐场所特种行业的高薪来吸引求职者，有的甚至逼她们做色情交易。中职生到这些场所打工，往往容易误入歧途。

面对目前社会上形形色色的各种招聘的骗局，中职生一定要保持谨慎，以免上当受骗。

3. 如何破解招聘骗局

为了避免落入招聘骗局，大家应该注意以下几点。

（1）通过正规的人才市场、劳动市场和信誉度高的专业人才网站应聘。针对中等职业学校毕业生，各教育部门的官方网站也大多开办了招聘专栏，因为官方网站会对招聘单位进行比较严格的审核，所以发布的信息较为真实。一些大型的专业人才网站也都设立了严格的审查制度，很少出现欺诈的情况。尽量避免通过一些不知名的小中介店铺、小网站应聘。

（2）凡是附加了报名费、考试费等条件的招聘，一定要高度警惕。按规定，招聘过程中是不能收取报名费、考试费等费用的，填写个人资料时，最好不要留下过于详细的个人信息，一般留下电子邮箱联系即可，尽可能做一些必要的保留。

（3）对招聘单位的实际情况要了解清楚。投简历前，可以通过应聘单位所在城市的熟人，去打听这家单位的状况，或者通过工商部门、学校就业指导中心核实该单位的真实性。

面试时，可通过各种渠道对单位进行实地考察，以摸清应聘单位的发展前景。签订就业协议或者劳动合同时，一定要注明双方谈妥的福利、保险、食宿条件等，这样双方产生纠纷时便有据可依。

思政元素

马克思认为，职业选择对青年人而言非常重要，当青年“开始走上生活道路”时，对于从事什么样的职业一事，一定要进行认真的考虑，否则可能会毁灭自己的一生，使自己陷于不幸。青年人在进行职业选择时要从个人和社会两个方面进行理智、冷静的思索，要对职业的全部分量有所认识，预判从事这一职业有可能出现的种种困难，并深信这一职业的基础是建立在“正确的思想”之上，可以给自己带来尊严和回报的。

二、警惕新型网络诈骗

1. 常见网络诈骗

（1）刷单返利类诈骗。网络刷单返利类诈骗已逐步演化成变种最多、变化最快的一种主要诈骗类型，成为虚假投资理财、贷款等其他复合型诈骗以及网络赌博、网络色情等其他违法犯罪的主要引流方式，被骗案件时有发生。受骗人群多为在校学生。

（2）虚假网络贷款类诈骗。诈骗分子通过网络媒体、电话、短信、社交工具等发布办理贷款、提额套现的广告信息，然后冒充银行、金融公司工作人员联系受害人，谎称可以“无抵押”“免征信”“快速放贷”，诱骗受害人下载虚假贷款 App 或登录虚假网站。再以收取“手续费”“保证金”“代办费”等为由，诱骗受害人转账汇款。诈骗分子收到受害人转账后，便关闭虚假 App 或虚假网站，并将受害人拉黑。

（3）冒充电商物流客服类诈骗。诈骗分子冒充电商平台或物流快递企业客服，谎称受害人网购的商品出现质量问题或售卖的商品因违规被下架，以“理赔退款”或“重新激活店铺”需要缴费为由，诱导受害人提供银行卡和手机验证码等信息，并通过屏幕共享或要求下载指定 App 等方式，指导受害人转账。

（4）虚假征信类诈骗。诈骗分子冒充银行、银保监会工作人员或网络贷款平台工作人员与受害人建立联系，谎称受害人之前开通过校园贷、助学贷等账号未及时注销，需要注销相关账号；或谎称受害人信用卡、花呗、借呗等信用支付类工具存在不良记录，需要消除相关记录，否则会严重影响个人征信。随后，诈骗分子以消除不良征信记录、验证流水等为由，诱导受害人在网络贷款平台或互联网金融 App 进行贷款，并将钱款转到其指定账户，从而实施诈骗。

（5）虚假购物、服务类诈骗。诈骗分子在微信群、朋友圈、网购平台或其他网站发布“低价打折”“海外代购”“0 元购物”等广告，以吸引受害人关注。与受害人取得联系后，诈骗分子诱导其通过微信、QQ 或其他社交软件添加好友进行商议，以私下交易可节约“手续费”或更方便等为由，要求私下转账。待受害人付款后，诈骗分子便以缴纳“关税”“定金”“交易税”“手续费”等为由，诱骗受害人继续转账汇款，事后将受害人拉黑。

（6）冒充熟人类诈骗。诈骗分子使用受害人熟人的照片、姓名等信息“包装”社交账号，以“假冒”的身份添加受害人好友，或将其拉入微信聊天群。随后，诈骗分子以熟人身份对受害人嘘寒问暖表示关心，或模仿熟人语气骗取受害人信任。再以有事不方便出面、不方便接听电话等理由要求受害人向指定账户转账，并以时间紧迫等借口不断催促受害人尽快转账，从而实施诈骗。

（7）网络游戏产品虚假交易类诈骗。诈骗分子在社交、游戏平台发布买卖网络游戏账号、道具、点卡的广告，或免费、低价获取游戏道具、参加抽奖活动等相关信息。待受害人与其主动接触后，诈骗分子以私下交易更便宜、更方便为由，诱导受害人绕过正规平台与其进行私下交易；或要求受害人添加所谓的客服账号参加抽奖活动，并以操作失误、等级不够等为由，要求受害人支付“注册费”“解冻费”“会员费”，得手后便将受害人拉黑。

2. 如何破解网络诈骗骗局

（1）要加强法制学习，提高自身防诈骗意识。加强自身法制学习，树立防诈骗意识是防范校园电信诈骗的治本之策。中职生应经常参加相关防诈骗宣传讲座，及时了解电信诈骗的最新类型及防范建议，激发自身兴趣，主动深入了解相关电信诈骗的相关案例，不轻信陌生短信及陌生账号，及时了解相关防诈骗宣传资料，注意网络舆情问题，不断提升自身防诈骗意识，能够识破电信诈骗的基本骗局，让不法分子不再得逞。

（2）加强个人信息保护。现代社会，随着网络技术的发展，公民的个人信息泄露的情况越来越普遍。例如，中职生在网购时留下的电话号码、收货地址、姓名等，很多人收到货后会随手丢弃快递单据，这些随手丢弃的写有个人信息的单据极易成为不法分子牟利的工具。除此之外，许多不法分子利用各种软件泄露的用户信息进行网络诈骗活动。因此，中职生平时要注意保护个人信息，不随意填写自己的信息。

（3）及时下载注册国家反诈中心 App。国家反诈中心 App 是由我国公安部刑事侦查局组织开发，是一款能有效预防诈骗、快速举报诈骗内容的软件。此外，软件里面有丰富的防诈骗知识宣传和案例，通过学习里面的知识可以有效避免各种网络诈骗的发生，提高每个用户的防骗能力。

三、防范实习期间的安全危机

顶岗实习已成为中等职业学校各个专业必不可少的实践教学环节。在这个过程中，很多中职生放松了对自己的要求，认为学习生活即将结束，多姿多彩的社会生活已经到来。其实在中职生管理实践中，每一届毕业生的实习期都是辅导老师最紧张的时候。这个时期不仅检验学生在学校是否学到了真本事，还会对学生进行很多与专业知识无关的考验。

1. 预防职业危害

顶岗实习期间，中职生应提高安全意识，严格遵守实习单位的各种安全操作规程，积极向专家、管理人员或有经验的同事请教，不仅要提高专业技能，还要杜绝劳动安全事故的发生。

2. 努力提高专业素养

需要注意的是，实习期间中职生可能从事不同行业的工作，还有的学生从事的工作与所学专业不对口。不论怎样，都要尽快熟悉所在岗位的特点，努力把自己塑造成合格的从业人员。

某中等职业学校医学专业的学生李某，在医院实习期间参与了一名消化道大出血患者的抢救工作。他急匆匆地为年老体弱的患者输液。药物为需慢滴的氨茶碱，他却采用了每分钟 50 多滴的滴速。幸亏巡查医生及时发现并予以纠正，否则将导致医疗事故。

3. 注意实习期间的生活安全

中职生在顶岗实习期间，往往会在实习单位、学校、家之间多次往返，一定要注意保管好财物和旅途安全。另外，在实习单位工作期间，由于对周围环境都不熟悉，就更要注意保管好自己的财物。

4. 慎重签订劳动合同

在顶岗实习之前，中职生与实习单位应本着平等自愿、协商一致的原则签订劳动合同，明确、细致、全面地约定双方的责、权、利，预防发生劳动争议。

反观自我

看看下面这幅漫画，谈谈你的感想。

知识拓展

求职注意事项

毕业生在求职时一定要维护自己的合法权益，不要盲目应聘。

(1) 到正规的人才市场或劳动市场求职。

(2) 掌握劳动法规和相关政策。

(3) 通过多种途径了解招聘单位，核实招聘单位的营业执照等证件。

(4) 拒交各种名义的费用，如就职押金、工作服押金等。

(5) 不轻易许诺到外地上岗。

(6) 不要抵押重要证件，如身份证、学历证等。

(7) 谨慎签订劳动合同。

(8) 发觉被骗，应及时报案。

学以致用

1. 你有过求职受骗的经历吗？说说应该怎样做才能避免求职受骗。
2. 如果有招聘单位让你先付押金，你会不假思索地支付吗？为什么？
3. 如果你的微信好友让你转账，你会直接转吗？为什么？

思政园地

甘肃白银："职工健康大篷车"开进企业，守护职工身心健康

"平时工作太忙，没有时间自己去体检，工会把先进的设备、优质的服务送到家门口，真是太方便了！工会真是我们的娘家人、贴心人。"2021年11月30日，在甘肃省白银市公交公司院内，甘肃"职工健康大篷车"前排着长长的队伍，正在等待做检查的维修中心修理工刘万江拿着体检登记单说。

"今天市总工会组织医院的专家来公司了，我刚体检完，啥都好着，你就别操心了。"另一边，刚接受完全面体检的15路驾驶员金磊赶紧拿起电话打给远在外地的老伴。

为切实保障广大职工的身体健康，进一步提高职工对疾病的预防和自我保健意识，积极构建全方位职工互助保障健康服务体系。白银市总工会、中国职工保险互助会兰州办事处共同组织实施了"关爱健康·互助互济"免费健康公益体检活动，将集中利用一周时间，为白银市公交公司700余名职工提供免费健康体检，守护职工群众健康的"最后一公里"。

据悉，这项活动也是白银市总工会扎实推进党史学习教育，开展"我为群众办实事"实践活动中的一个缩影。

早上7点刚过，职工们就陆陆续续来到体检场地，签到、领表、排队、体检……忙中有序，井井有条。

"在这辆健康体检车里，我们配置了B超机、生化、心脏腹部彩超等设备。""职工健康大篷车"负责人吴秀花说。"职工健康大篷车"公益健康体检活动是甘肃省总工会和中国职工保险互助会兰州办事处联合推出的工会品牌服务活动，也是省内同类公益活动中规模最大、持续时间最长的公益体检活动，两年多来已走遍全省14个市州，深受广大职工欢迎。

"我们希望通过这样的体检，为广大职工建立规范化健康档案，筛查相关重大疾病，做到'早发现、早诊断、早治疗'。"白银市总工会二级调研员刘琪香说。

据了解，此次体检项目包括生化全项、心脏腹部彩超、胸部DR片和肿瘤因子早期筛查等10余个项目，由专业医护人员组成的团队，为职工提供精准体检服务的同时，根据个人的不同病症提出医疗建议和健康指导，有力地提升职工健康知识的普及率和知晓率。

近年来，白银市总工会坚持以职工为本，始终把关心关爱职工健康摆在突出位置，围绕职工看病负担重等问题，制定了大病救助、医疗互助等服务举措，用心、用情、用力做好服务职工工作。在开展患大病职工医疗救助活动中，按照“分级负责、精准识别、一户一档、动态管理”的原则，对因本人或家庭成员患重大疾病或慢性疾病花费高额医疗费用导致家庭生活困难的职工，按照个人自付费用给予不同标准的救助。秉持“医疗互助保障活动制度化、参保职工利益最大化、充分体现普惠化、保障服务人性化”的理念，大力实施职工医疗互助行动，通过为特定人群赠送保障计划、职工互助互济金申领等措施，实现参保人群由特惠型逐渐向普惠型转变，促使更多职工参加到职工互助保障工作中来。

白银市总工会还加大对职工的心理健康教育和疏导，筹集230万元，建设职工心理健康指导中心，完善功能区，增强专业性，不断适应职工群众日益增长的身心健康需求；组织开展职工心理健康讲座和职工个体心理疏导服务进基层活动，开通心理咨询热线，通过电话、微信等形式开展线上线下咨询疏导，引导职工正确面对困难，缓解心理压力，保持健康的心理状态，唱响职工教育好声音，使职工实现快乐工作、体面劳动、健康生活。

白银市总工会党组书记、常务副主席张兆永说：“我们将持续加大对职工的身心健康服务，积极构建职工健康服务体系，用心聆听、用心感受、用心关爱职工的精神生活，守护好每一位职工的健康。”

（资料来源：《工人日报》，有删改）

讨论：

1. 白银市公交公司的做法可以给职工带来哪些保障？

2. 职工健康检查对防治职业病有什么意义？

急救篇

——掌握急救常识　做贴心小卫士

开篇寄语

我们都希望自己和家人能健康、平安地生活，但我们又常会被意想不到的伤害或疾病困扰。例如，全家外出旅游时，家人被胡蜂蜇伤；天气特别热时，在大街上中暑晕倒……生活中，当这些意外事故突然发生，而医生又不在现场的时候，只有具备基本的急救知识和技能，才能从容应对，有效地控制病情，减轻伤员的痛苦，赢得宝贵的抢救时间；相反，如果对急救知识一无所知，则可能束手无策，加重本可以避免的伤害，甚至失去抢救伤员生命的良机。

育人目标

1. 掌握并会运用基础的急救方法，增强对自己和他人的健康负责的意识。

2. 提高在紧急情况下谨慎处理问题并采取急救措施的能力，养成关心他人的优秀思想品德。

第一课 生活急救

案例引入

某天，一名20多岁的年轻女子搭乘一辆出租车。细心的出租车司机突然发现，女乘客双手腕部都有一道利器割出的伤口，鲜血直流。见状，他一边用手压住伤口帮该女子止血，一边迅速报警。

公安人员接到报案后，迅速通知了“120”急救中心。“120”急救医生赶到现场后，迅速救治。医生经检查发现，女子双手腕部伤口长3～5厘米，伴有活动性出血。幸运的是，由于止血及时，而且伤口未伤到肌腱，该女子没有生命危险。

知识探究

生活急救常识

一、心肺复苏术

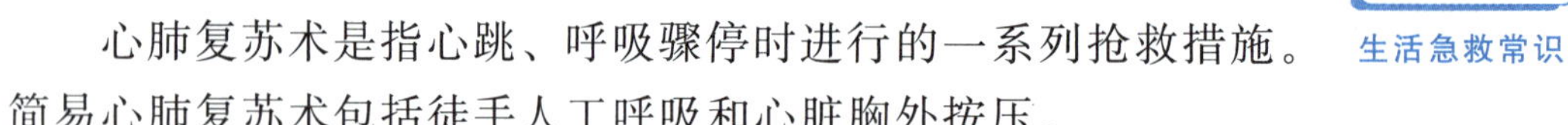

心肺复苏术是指心跳、呼吸骤停时进行的一系列抢救措施。简易心肺复苏术包括徒手人工呼吸和心脏胸外按压。

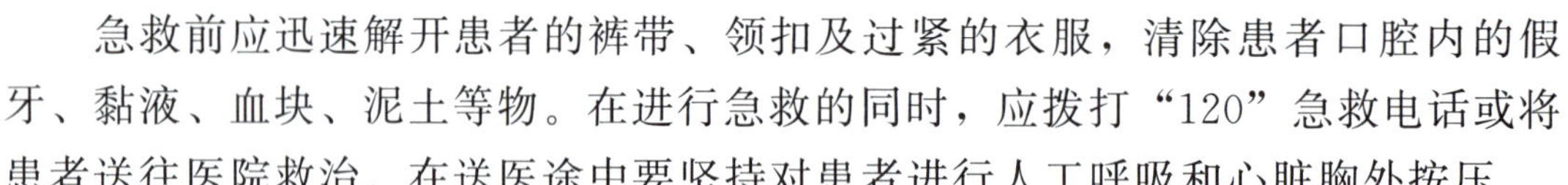

急救前应迅速解开患者的裤带、领扣及过紧的衣服，清除患者口腔内的假牙、黏液、血块、泥土等物。在进行急救的同时，应拨打“120”急救电话或将患者送往医院救治。在送医途中要坚持对患者进行人工呼吸和心脏胸外按压。

1. 打开气道

患者仰卧，施救者跪于患者一侧，一只手始终紧按患者前额，另一只手先向上托起患者后颈，使患者头部尽量后仰，然后把手放在患者下颌下，将患者颌部向上向前抬起，两只手一起用力把患者头部向后推，使患者下颌尖与耳垂在一条竖直线上，并使患者嘴张开，打开患者的气道。

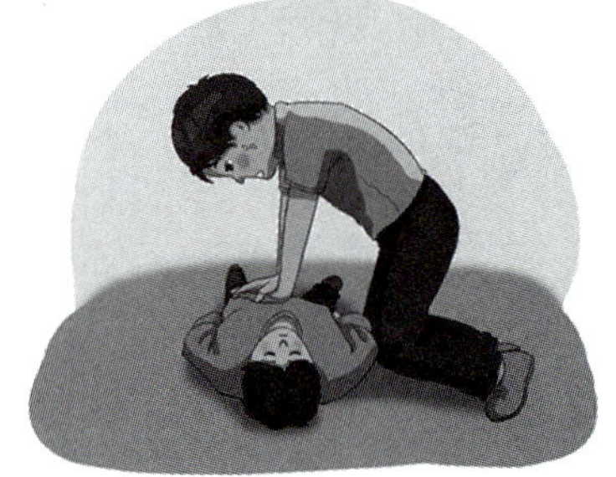

2. 人工呼吸

施救者注意保持患者头部后仰位，用手捏住患者鼻孔，深吸气后对准患者口腔将气吹入。患者胸部扩张起来后，停止吹气并放开患者鼻孔，让患者胸部自然缩回去。反复进行，每分钟 16～18 次，直到患者恢复自主呼吸为止。如果吹气时患者胸部不起伏，则说明方法不正确，或是气道不通畅，或是吹气力度不够。如果患者舌头后附，影响呼吸道通畅，则应设法将其舌头拉出。为小儿吹气用力不能过猛，以免吹破肺泡。

3. 心脏胸外按压

心搏骤停在各种场合都时有发生，如果及时进行正确的心脏胸外按压，那么常能挽救病人的生命。若发现患者心搏骤停，则应立即抢救，不得搬动。让患者仰卧在硬板床或地板上，头部稍低。施救者一只手手掌置于患者胸骨中下 1/3 处，另一只手压在前一只手的手背上，借助上身的力量向患者胸骨有节奏地加压，每分钟 100～120 次，每次下压使胸骨下陷 5～6 厘米，再让其自行弹起。心脏胸外按压要与人工呼吸同时进行，次数以“心脏胸外按压：人工呼吸＝30：2”为宜，即循环做 30 次胸外按压和 2 次人工呼吸。如果抢救有效，则可见患者肤色恢复，可摸到颈动脉搏动，自主呼吸恢复。

刚刚退休的高级工程师李某有登山锻炼的习惯。每到周末，他都会准时开始他的登山活动。这一天，他刚刚爬到一半，就感到胸闷、呼吸急促，短短几分钟后竟失去了知觉，一头栽倒在路上。随后，一名中职生到此发现昏倒在地的李某，就着急地大声呼救。不一会儿，一名中年男子跑上来，一边大口喘气，一边迅速为李某进行检查，并立即为李某进行胸外按压和人工呼吸。大约 10 分钟后，急救人员赶到，在医生的急救下，李某恢复了心跳和呼吸，并被转送到医院进行进一步的治疗。急救医生说幸亏有热心游客的及时救助，否则李某会有生命危险。

二、外伤出血急救

一个成年人全身的血液约占其体重的 8%。在伤口小、出血量少时，伤者周身情况无明显变化。当身体受到损伤后出血量超过总血量的 20%时，就会出现脸色苍白、手脚发凉、脉搏微弱等休克表现。当出血量达到总血量的 40%时，患者就会有生命危险。外伤发生后，出血的速度越快，对人的生命的威胁越大，几分钟内出血 1000 毫升就可致人死亡。

下面介绍现场急救中外出血的止血方法。

1. 直接压迫止血法

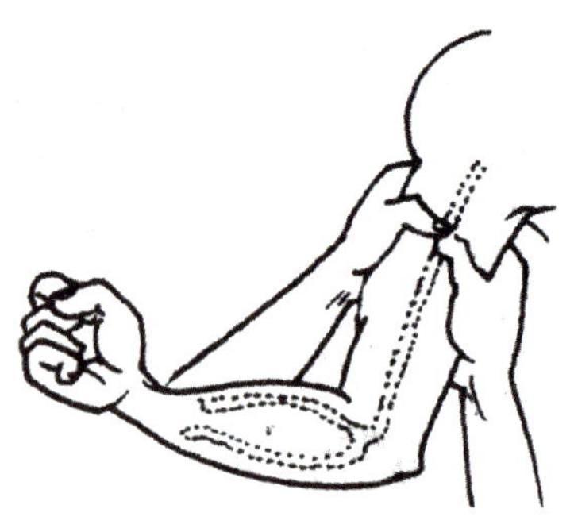

在野外发生意外伤害时，如果伤口不大，血液流出速度缓慢，则可直接用干净柔软的敷料或手巾压在伤口上止血。若此方法无效，则再改用其他止血方法。

2. 指压动脉止血法

在现场急救中，最快速、最有效的止血法是指压动脉止血法。此方法根据人体主要动脉的体表投影位置，用单个或多个手指向骨骼方向加压，以压闭动脉来止住伤口的大量出血。当手、前臂或上臂下部出血时，可以在伤员上臂的前面或后面，用拇指或四指压迫上臂内侧动脉血管。只要摸准位置，压迫力度够，就能起到立竿见影的止血效果。指压动脉止血法的缺点是效果有限，不能持久，但是在发生大出血时能为寻找急救材料或使用其他止血方法赢得时间。

3. 加压包扎止血法

对于损伤面积较大、肌肉断端出血等情况，可采用加压包扎止血法。具体方法是先用无菌敷料或棉垫填塞、覆盖伤口，再用绷带加压包扎。急救现场若无急救包，则可用口罩、纱布、棉衣、被褥等做成敷料，把衣服、被单撕成条状代替绷带。

4. 屈曲肢体加垫止血法

屈曲肢体加垫止血法是将厚棉垫、泡沫塑料垫或绷带卷塞在肘窝，屈曲腿或臂，再用三角巾、宽布条或手帕、绷带等紧紧缚住。该方法只能用于肘部和膝部以下部位的止血，并且要求伤肢无骨折和关节损伤，否则要改用其他止血方法。

5. 止血带止血法

止血带止血法是用绷带、橡皮胶管、三角巾等，将出血的肢体扎住，以阻断血流达到止血的方法。该方法只适用于四肢动脉大出血的情况，在现场急救中主要使用橡皮止血带和布止血带。

王某是一名登山爱好者，曾经的一次意外险些夺走他的性命。他在登山途中不慎踩在一块松动的石头上，脚下一滑，滚落到山路的一个拐弯处，左手臂开放性骨折，鲜血不停地流出。他忍着钻心的疼痛，先用手机报警，在等待救援的过程中，他果断地用自己的鞋带扎紧受伤手臂的上端。为减少出血量，他还尽力设法将手臂抬得高一些，直到医生到来。急救医生说幸亏他及时为自己进行了止血，否则会因为失血过多导致昏迷，甚至还可能有生命危险。

三、骨折急救

骨骼的连续性或完整性被破坏称为“骨折”。骨折急救非常重要，应争取时间进行救治，保护受伤肢体，防止加重损伤和伤口感染。急救多需他人协助进行，且应尽快将伤员送至医院治疗。

（1）了解受伤情况。慎重起见，若怀疑有骨折则可按骨折处理；若颅脑损伤合并昏迷则须注意保持患者呼吸系统通畅，防止窒息。

（2）有伤口者可用清洁衣衫等物加压包扎止血，防止伤口再次污染；骨折合并四肢动脉大出血者须用止血带止血。

（3）骨折本身并不可怕，重要的是，要及时检查伤员全身情况。

（4）一般伤员运送途中应取仰卧位。对于颈椎骨折伤员，在搬动时，应由一人轻牵头部，保持与躯干长轴相一致，并随之转动，防止颈部过伸、过曲和旋转。

（5）对离断的肢体转运前应将断肢用消毒敷料或干净毛巾等包裹并放入密闭塑料袋中，然后放在盛放冰块或冷水的容器中，切记不可用冰块直接接触断肢；禁止将断肢浸泡在酒精、消毒液、生理盐水等液体内。对肢体不完全离断伤者，应以夹板妥善固定。

四、中暑急救

中暑是指人在高温或强烈日光暴晒环境下从事体力劳动、体育活动、野外活动等引起的体温调节功能紊乱、体液失衡及神经系统功能损伤所致的急性高热疾病。中暑在高气温、高湿度、风速小和强热辐射的环境下容易发生，同时也常见于产妇、老年人、体弱者和有慢性疾病者。很多人中暑往往是由于在烈日下暴晒，或在高温环境中逗留和做剧烈运动。

1. 中暑的类型

根据发病的情况，中暑可分为以下三类。

（1）先兆中暑：患者全身乏力、多汗头昏、口渴、恶心、胸闷、心悸、注意力不集中等，体温正常或略升高。

（2）轻度中暑：除上述症状加重外，体温在38℃以上，面色潮红，皮肤灼热，同时有呼吸困难、心率加快、大量出汗、呕吐、血压下降等症状发生。

（3）重度中暑：上述症状进一步加重，并伴有昏厥、昏迷、痉挛或高热，体温达40℃以上。重度中暑又分为四种类型，即中暑衰竭、中暑痉挛、中暑高热和日射病。

2. 中暑怎样救治

根据中暑程度不同，可采取不同方法进行急救。

（1）对于先兆中暑及轻度中暑者，应立即使患者离开高温环境，将患者移到阴凉通风处，松解衣扣，给予清凉、含盐饮料，让患者安静休息。涂擦清凉油，口服人丹、解暑片、藿香正气水等药物。体温高者可在头颈部、腋下、腹股沟等处进行冷敷。病情无缓解时应送到医院救治。

（2）对于重度中暑者，应迅速对患者进行全身降温，如放置冰袋、冰帽，用冰水擦浴等，并将患者移送到空调间或阴凉通风处，然后拨打“120”急救电话，请医务人员到现场急救。

对心跳、呼吸骤停者，应立刻进行心肺复苏，直到送入医院或医务人员赶到实施医疗救治为止。

中暑了怎么办?

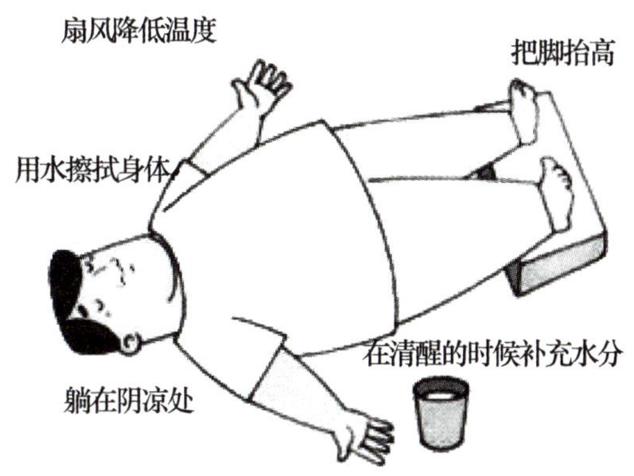

五、烧伤急救

烧伤，也称“灼伤”，包括热力烧伤，如火焰、热金属烧伤；化学物品烧伤，如强酸、强碱造成的损伤；电烧伤，如触电、雷击造成的损伤；等等。各类烧伤急救方法如下。

1. 火烧伤急救

火烧伤处理的当务之急是尽快消除皮肤受热。

（1）用干净的冷水充分冷却烧伤部位。

（2）用消毒纱布或干净布等包裹伤面。

（3）对呼吸道烧伤者，注意疏通呼吸道，防止异物堵塞。

（4）伤员口渴时可饮少量淡盐水；紧急处理后可使用抗生素，预防感染。

2. 化学物品烧伤急救

当受到酸、碱、磷等化学物品烧伤时，最简单、最有效的处理办法是，用大量清洁冷水冲洗烧伤部位，冲洗掉化学物品，使伤者局部毛细血管收缩，减少对化学物品的吸收。

3. 电烧伤急救

人体触电后，电流出入处发生烧伤，局部肌肉痉挛，此时应采取以下急救措施。

（1）迅速关闭电源，使伤者脱离电源。

（2）将伤员转移至通风处，松开衣服。当伤者呼吸停止时，施行人工呼吸；当伤者心脏停止跳动时，施行心脏胸外按压。

（3）进行全身及胸部降温。

（4）清除呼吸道分泌物。

（5）用消毒纱布包裹伤口，出血时用止血带、止血药等包扎处理。

（6）重度烧伤要求尽快送到医院救治，减少途中颠簸。

六、冻伤急救

冻伤是人体遭受低温侵袭后发生的损伤。冻伤的发生除了与寒冷有关，还与潮湿、局部血液循环不畅和抗寒能力下降有关。一般将冻伤分为冻疮、局部冻伤和冻僵三种。冻伤是一种累积性伤害，全身冻伤时非常危险，几乎所有的患者都会出现嗜睡的症状。如果让患者睡下去，那么患者的体温便会渐渐降低，直至冻死。

1. 急救措施

（1）发现有轻微冻伤时，应尽快采取措施对患处进行保暖，如将受冻的手放在腋下升温，或将脚放在同伴的胃部等处取暖，或慢慢地用与体温一致的温水浸泡患处，使之升温，恢复正常温度。

（2）属于局部冻伤的，可用手、干毛巾对患处进行擦拭，直至发热。

（3）发现被冻僵的患者时，应尽快用大衣、棉被等物品将其包裹并送到温暖的地方，同时让其服用姜汤等热饮料进行恢复。

（4）属于全身冻伤的，体温降到20℃以下就很危险。此时患者一定不能睡觉，应强行打起精神并进行一些活动，以保持体温不下降，否则可能会出现生命危险。

（5）当全身冻伤的患者出现脉搏、呼吸变慢的情况时，应保证其呼吸道畅通，并对其进行人工呼吸和心脏胸外按压。要逐渐使患者的身体恢复正常体温，然后快速送往医院救治。

2. 注意事项

（1）对局部冻伤患者进行救治时，禁止把患处直接泡入热水中或用火烤患处，这样反而会使冻伤加重。

（2）按摩会引起感染，最好不要按摩。

（3）对于较严重的冻伤患者，复温后应注意保暖、休息与补充营养，适当开展运动，以防产生功能障碍。

七、扭伤急救

扭伤是指由于关节过猛地扭转，撕裂附着在关节外面的关节囊、韧带而产生的伤害。扭伤最常见于踝关节、手腕及下腰部。发生在下腰部的扭伤，就是平常说的闪腰岔气。扭伤的常见表现是痛、肿及皮肤青紫、关节活动受限。

1. 急救措施

扭伤发生48小时内应使用冰袋冰敷。在仍然疼痛的时候应尽量避免使用扭伤的肌肉。当疼痛减缓后，可以开始缓慢地做一些适度的恢复性运动。

一般来讲，如果自己活动时，扭伤部位虽然疼痛，但并不剧烈，那么大多是软组织损伤，可以自己医治。如果自己活动时有剧痛，不能站立和挪步，疼在骨头上，扭伤时有声响，伤后迅速肿胀等，则是骨折的表现，应马上到医院诊治。

（1）在运动中扭伤手指，应立即停止运动。将手指泡在冷水中 15 分钟左右，然后用冷湿布包敷，再用胶布把手指固定。如果一周后肿痛继续，那么一定要去医院诊治。

（2）若踝关节扭伤，则可用枕头等把小腿垫高，用冰水敷伤部。也可以在关节周围包一层厚棉花，外用绷带包扎，这样可以减轻肿胀。如果是踝关节扭伤而无医务人员在场处理，则可以不脱鞋袜，在鞋上直接包扎“∞”字形的绷带。

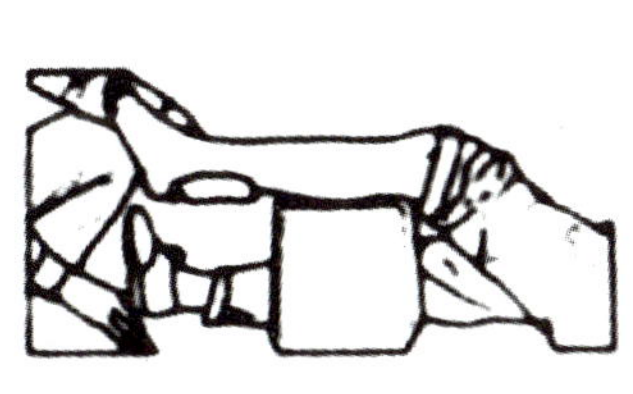
抬高、冷敷

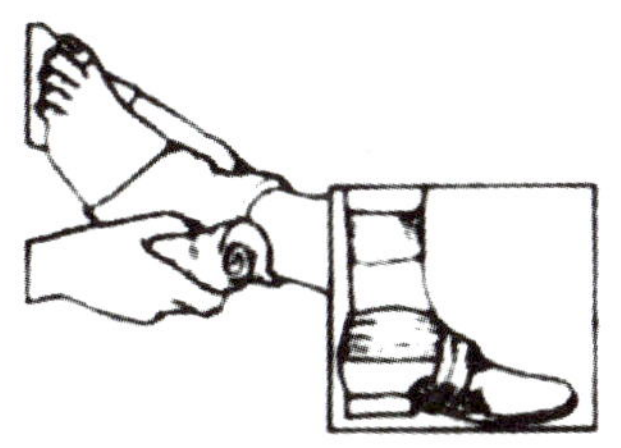
直接包扎“∞”字形绷带

（3）腰部扭伤也要静养，应在局部进行冷敷，尽量采取舒适体位，侧卧或者仰平卧屈曲，膝下垫上毛毯之类的物品。止痛后，最好请专业医生治疗。

2. 注意事项

（1）当天，每 3～4 小时进行 15 分钟冷敷（可以缓解肿胀）。请注意不能直接用冰块接触皮肤。

（2）至少让受损肌肉休息一天。

（3）保持拉伤的肌肉处于抬高的位置可以缩短症状持续时间。

总的来说，当发生运动伤害时，最好马上处理。处理的原则有五项，简称“PRICE”，即保护（Protection）、休息（Rest）、冰敷（Icing）、压迫（ Compression）、抬高（ Elevation）。

保护的目的是不引发二次伤害，休息是为了减少疼痛、出血、肿胀并防止伤势恶化，压迫及抬高也都有上述效果，冰敷有止痛的功能。挫伤、瘀青、轻度肌肉拉伤、韧带扭伤，经由上面几种方式处理，以及适当的复健治疗，都能够在短时间内恢复健康。严重的肌肉拉伤（断裂）、韧带扭伤（断裂）、骨折，则必须由医生手术治疗。

八、中风急救

中风，指脑中风，又称“脑卒中”。中风一般分为两类，一类为出血性脑中风，如脑出血、蛛网膜下腔出血；另一类为缺血性脑中风，如脑动脉血栓、脑栓塞。中风大多由情绪大幅波动、忧思恼怒、饮酒、精神过度紧张、疲劳等因素诱发。在中风发生之前常会出现一些典型或不典型的症状，即中风预兆。

1. 常见的中风预兆

（1）眩晕：呈发作性眩晕，自觉天旋地转，伴有吹风样耳鸣，听力暂时丧失，并有恶心呕吐、眼球震颤，通常历时数秒或几十秒，反复发作，可一日数次，也可几周或几个月发作一次。

（2）头痛：疼痛部位多集中在太阳穴处，突然持续发生数秒或数分钟，发作时常有一阵胸闷、心悸。有些人则表现为整个头部疼痛或额枕部明显疼痛，伴有视力模糊、神志恍惚等。

（3）视力障碍：立即产生视物不清、复视、一侧偏盲或短时间阵发性视觉丧失等症状，又在瞬间恢复正常。

（4）麻木：在面部、唇部、舌部、手足部或上下肢，发生局部或全部、范围逐渐扩大的间歇性麻木，甚至短时间内失去痛觉或冷热感觉，但很快又恢复正常。

（5）瘫痪：单侧肢体短暂无力，活动肢体时感到力不从心，走路不稳似醉酒样，肢体动作不协调，或突然失去控制数分钟，同时伴有肢体感觉减退和麻木。

（6）猝然倒地：在急速转头或上肢反复活动时突然出现四肢无力而跌倒，但无意识障碍，神志清醒，可立即自行站立起来。

（7）记忆丧失：突然发生逆行性遗忘，无法回想起近日或近 10 日内的事物。

（8）失语：说话含糊不清，想说又说不出来，或声音嘶哑，同时伴有吞咽困难。

（9）疼痛：多在闲坐或睡眠时发作，一侧手足的肌肉发生间歇性抽筋或疼痛。

（10）定向丧失：短暂的定向不清，包括时间、地点、人物不能正常辨认，有的则不认识字或不能进行简单的计算。

（11）精神异常：情绪不稳定，易怒或异常兴奋、精神紧张，有的表现为神志恍惚、手足无措。

一旦出现上述中风预兆，提示中风即将在近期发生，尤其是原有高血压、动脉粥样硬化、心脏病、糖尿病的患者，更应提高警惕，积极采取预防措施：离开施工现场、公路、火炉旁、深水边等危险环境，以防中风跌倒后发生其他意外事故；卧床休息，调节心境，保持冷静，避免情绪激动，坚持按医嘱服用相应药物，定时测血压，及时调整用药剂量；有中风预兆的人应尽量不坐在高

处，避免中风时摔倒。

2. 中风后患者的急救措施

（1）患者去枕或低枕平卧，头侧向一边，保持呼吸道通畅，避免将呕吐物误吸入呼吸道，造成窒息。切忌用毛巾等物堵住口腔，妨碍呼吸。

（2）摔倒在地的患者，可移至宽敞通风的地方，便于急救。上半身稍垫高一些，保持安静，检查有无外伤，若出血则可给予包扎。

（3）尽量不要移动患者的头部和上身，若需移动，则应由一人托住头部，与身体保持水平。

（4）拨打“120”电话求救，请急救人员前来急救。

（5）血压显著升高但神志清醒的患者，可口服降压药物。

（6）守候在患者身旁，一旦发现呕吐物阻塞呼吸道，应采取各种措施使呼吸道畅通。呼吸停止时进行人工呼吸。

（7）脑中风应送往医院进行 CT 检查，区分脑中风的类型，针对病因进行进一步治疗。

九、休克急救

休克是较重的创伤、出血、剧痛和细菌感染时出现的一种全身性严重致命反应，若不能正确急救则会有生命危险。

医学界解释休克由“微循环障碍”导致。微循环是指血管口径小于 200 微米的网状毛细血管。维持微循环正常流通有三个条件：第一个是全身血管内有充足血量，第二个是心脏每次搏出足够的血量，第三个是微小的动脉收缩力正常。不论哪一个环节出现问题都会导致休克。

1. 休克的种类及成因

（1）低血容量性休克：常因大量出血或丢失大量体液而发生，如外伤或内脏大量出血、急剧呕吐、腹泻等，都会使毛细血管极度收缩、扩张或出现缺血和瘀血。

（2）感染性休克：由病毒、细菌感染引起，如休克性肺炎、中毒性痢疾、败血症、暴发性流脑等。

（3）心源性休克：心脏排血量急剧减少所致，如急性心肌梗死、严重的心律失常、急性心力衰竭及急性心肌炎等。

（4）过敏性休克：由人体对某种药物或物质过敏引起，如青霉素、抗毒血清等，可造成瞬间死亡。

（5）神经性休克：由强烈精神刺激、剧烈疼痛、脊髓麻醉意外等引发。

（6）创伤性休克：由骨折，严重的撕裂伤、挤压伤、烧伤等引起。

2. 休克的临床表现

休克在临床上通常分为早期（又称“代偿期”和“兴奋期”）和晚期（又称“失代偿期”和“抑制期”）。

（1）早期：即休克开始时，病人有短时间的精神兴奋，后出现呻吟、烦躁不安、表情紧张、面色发白、脉搏快但有力、呼吸浅而急促、血压正常或略增、脉压变小、四肢凉而多汗等症状。这些症状可持续几分钟到几十分钟，若不注意观察，不及时抢救，则可使休克转向晚期。

（2）晚期：典型的表现是极端口渴，表情淡漠，反应迟钝，问话不答，眼球下陷，皮肤及口唇苍白，出冷汗，脉细速而微弱，浅表静脉不充盈，呼吸浅快或不规则，体温低于正常温度，血压不断下降，脉压小，尿量减少，瞳孔散大，意识不清，甚至进入昏迷状态。

3. 休克的预防和急救

（1）若出现严重的创伤，则应立即止血、止痛、包扎、固定。

（2）平卧于空气流通处，下肢抬高 30°，头部放低，并用冷水打湿毛巾敷头，以利静脉血液回流。

（3）保持呼吸通畅，松解腰带、领带及衣扣，及时清除口鼻中呕吐物。

（4）方便时立即吸氧，保持安静，止痛，保暖，少搬动。

（5）意识清楚时，喝热茶、姜糖水。

（6）运送途中要平稳，少搬动，头低脚高，保暖。

（7）抗休克裤广泛使用于创伤出血性休克的急救转运。头、胸外伤引起的休克慎用。心脏压迫和张力性气胸患者禁止使用。

（8）尽快消除病因。外科疾病引起的休克抢治时，不能墨守“先抢救后手术”的常规。例如，控制内脏大出血、修补脏器穿孔、切除坏死肠管、整复肠扭转、引流体腔大量脓汁等都应及时处理。补充足够的体液容量，输血、输液是根本的急救措施。

想一想自己在生活中会不会用到本课介绍的急救常识。

"120" 急救电话

"120"是急救中心专用电话号码，如果你自己或身边的人得了急病、受到意外伤害等，可立即拨打"120"急救电话。调度的工作人员问清楚病情后，会派离你最近的救护车前去。救护车上的医生、护士，能给患者和伤员以最好的帮助。打通"120"急救电话后，应该讲清楚以下内容。

(1) 患者的姓名、性别、年龄。

(2) 患者的病情，要说最主要的情况，如头痛、心口疼、肚子疼、晕倒在地、烫伤、伤口流血多、煤气中毒、溺水昏迷等。

(3) 患者现在的地址、附近最明显的标志、用以联系的电话号码，便于救护车快速赶到。

学以致用

1. 怎样做人工呼吸？

2. 外伤出血应怎样包扎？

第二课 中毒急救

案例引入

某日，张女士和几个朋友在一家餐厅里聚餐，为烘托气氛，餐馆还在包间里放了一个火炉。一段时间后，几个早来的朋友都说有点头晕、恶心，大家都以为是酒喝多了的缘故，就没放在心上。但是，席间去洗手间的张女士回来后，却发现朋友们晕倒在包间里。医院检查证明他们是一氧化碳中毒。

知识探究

一、煤气中毒

煤气中毒多因在密闭的房间内使用煤炉、炭炉取暖，或煤气使用不当而发生。煤气是无色、无味的气体，主要成分含一氧化碳。在通风不良、氧气不足的情况下，燃料燃烧不完全，就会产生大量的一氧化碳。家庭常用的煤气中也含有大量的一氧化碳。一氧化碳经人体吸入后，与血液中的血红蛋白结合，形成碳氧血红蛋白，使血红蛋白失去携氧能力，从而造成低氧血症，使重要器官组织缺氧，引起一系列临床症状，甚至死亡。

1. 煤气中毒的主要表现

（1）轻度中毒：患者出现头晕、头痛、乏力、恶心、呕吐及胸闷、心悸等症状，马上离开中毒环境，吸入新鲜空气，即可恢复正常。

（2）中度中毒：除上述部分症状加重外，还有面色潮红、口唇呈樱桃红色、多汗、烦躁、心率增快、呼吸困难、步态不稳、震颤、神志不清等症状。若及时抢救则可脱离危险，无明显后遗症。

（3）重度中毒：患者迅速昏迷，大小便失禁，肌张力增高，病理反射阳性，危重者面色苍白，四肢厥冷，瞳孔散大，血压下降，阵发性或持续性全身僵直、抽搐，并引发肺水肿、脑水肿，最后因呼吸及循环衰竭而死亡，或留下智力迟钝、肢体瘫痪等后遗症。中毒者血液中碳氧血红蛋白测定呈阳性。

2. 煤气中毒的抢救

（1）立即打开现场门窗，搬走煤炉、炭盆，关掉煤气阀门。

（2）迅速将中毒者转移到空气流通处，如房间外面、走廊、院子里等，让患者吸入新鲜空气或吸入高浓度氧气，把患者上衣解开，不可多人挤在一起。

（3）保持呼吸道通畅，可以将患者上背部至颈根部垫高约 30°，使头稍向后仰。对昏迷、抽搐、牙关紧闭者，可用开口器打开口腔，置于上下牙之间口角处。

（4）心跳、呼吸停止时，应立即施行人工呼吸和心脏胸外按压。

（5）注意保暖，在寒冷环境下，可给予热水袋等。

（6）及时送患者到有条件的医院，给予高压氧疗，药物治疗，输血、换血治疗，使用心电监护器、呼吸机及其他治疗仪器。

惊心动魄！老师电话救回缺勤学生一家五口

辽宁抚顺，张雅丽老师是一名小学班主任，当时学生小海未及时到校上课，出于职业敏感，张老师马上尝试联系学生家长，反复拨打电话却无回应。张老师意识到，小海一家很有可能发生意外，于是打听其家庭住址，拜托邻居前去查看。邻居赶到小海家发现，他们一家五口人都因一氧化碳中毒昏躺在炕上。邻居们迅速拨打了 120 急救电话，因抢救及时，小海一家五口已无生命危险并出院。小海妈妈激动地说：“多亏老师坚持要找到我们，我们才活了下来。”

张雅丽老师对学生负责的态度，拯救了小海一家五口的生命，避免了一个家庭的悲剧。

二、急性酒精中毒

饮酒过量易造成急性酒精中毒，早期出现面红、脉搏快、情绪激动、语无伦次、恶心、呕吐、嗜睡等症状，严重者可能会昏迷，甚至呼吸麻痹而死亡，还可能出现高热、惊厥及脑水肿等。

1. 急性酒精中毒的治疗

对急性酒精中毒者，一般处理原则是禁止继续饮酒，可刺激其舌根部以催吐，还可以食用梨、西瓜等水果缓解症状，注意保暖，注意避免呕吐物阻塞呼吸道；观察呼吸和脉搏的情况，若无特别，则一觉醒来即可自行康复。如果患者卧床休息后，还有脉搏加快、呼吸减慢、皮肤湿冷、烦躁的现象，则应马上送往医院救治。对于昏迷的患者，应该送其去医院检查治疗。在到达医院前要让患者采取侧卧体位，注意保暖并注意保持患者呼吸道通畅。

2. 急性酒精中毒的预防

避免过量饮酒是预防急性酒精中毒最有效的方法，特别是注意勿空腹大量饮酒，尽量在饮酒前进食一些富含蛋白质及脂肪的食物，以避免醉酒。

三、毒蛇咬伤

1. 不同类型的蛇毒导致的症状

（1）神经毒：以侵犯神经系统为主，局部反应较少，会出现脉弱、流汗、恶心、呕吐、视觉模糊、昏迷等全身症状。

（2）血液毒：以侵犯血液系统为主，局部反应快而强烈，一般在被咬后 30 分钟内，局部开始出现剧痛、肿胀、发黑、出血等现象。时间较久之后，还可能出现水疱、脓包，全身会有皮下出血、血尿、咯血、流鼻血、发热等症状。

（3）混合毒：同时兼具上述两种症状。

2. 对毒蛇咬伤的处理

（1）保持冷静。千万不要因紧张而乱跑奔走求救，这样会加速毒液散布。尽可能辨识蛇的特征，不可饮用酒、浓茶、咖啡等兴奋性饮料。

（2）立即缚扎。用止血带缚于伤口近心端上 5～10 厘米处，如无止血带可用毛巾、手帕或撕下的布条代替。缚扎时不可太紧，应可通过一指，其程度应以能阻止静脉和淋巴回流、不妨碍动脉流通为原则（和止血带止血法阻止动脉回流不同），每两个小时放松一次即可（每次放松 1 分钟）。以前的观念认为 15～30 分钟要放松 30～60 秒，临床视实际状况而定，如果伤处肿胀迅速扩大，则要检查是否绑得太紧，绑的时间应缩短，放松时间应增多，以免组织坏死。

（3）冲洗并切开伤口，适当吸吮。在将伤口切开之前必须先用生理盐水、蒸馏水清洗，必要时亦可用清水清洗伤口。然后将伤口用消毒刀片切开，使切口呈“十”字形，用吸吮器将毒血吸出，施救者应避免直接以口吸出毒液，防

止口腔内有伤口引起中毒。另外，可以口服蛇药片或将蛇药片用清水溶成糊状涂在创口四周。

（4）立即送医。如果无法确定是被无毒的蛇还是有毒的蛇咬伤，则应视情况将患者送至医院接受进一步治疗。

3. 对毒蛇咬伤的预防

（1）进入有蛇的区域应穿厚靴，用厚帆布绑腿。

（2）夜行时应持手电筒照明，并用竹竿在前方左右拨草，将蛇赶走。

（3）野外露营时应将附近的长草清除，将泥洞、石穴堵死，以防蛇类躲藏。

（4）平时应熟悉各种蛇的特征，学习被毒蛇咬伤的急救方法。

四、狂犬病

狂犬病是人被狗、猫、狼等动物咬伤而感染狂犬病毒所致的急性传染病。狂犬病毒能在狗的唾液腺中繁殖，咬人后通过伤口残留唾液使人感染。人发病时主要表现为兴奋、恐水、咽肌痉挛、呼吸困难和进行性瘫痪，甚至死亡。狂犬病潜伏期为20～90天，一旦发病，治疗上目前无特效药物，病死率极高，近100%。

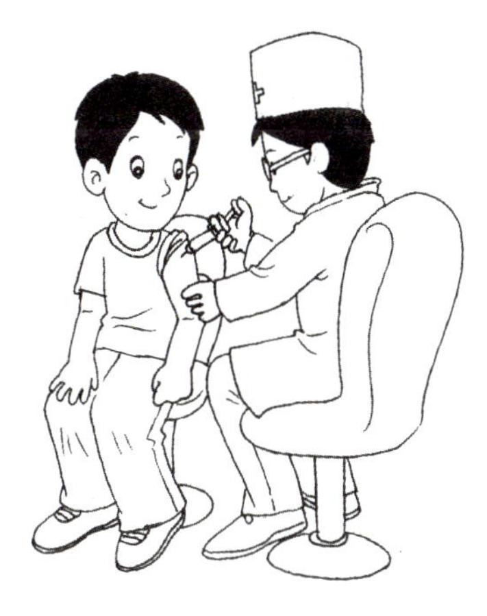

所以，人被狗或猫咬伤后，不管当时能否确定其是否携带狂犬病毒，必须在伤后的2个小时之内，尽早对伤口进行彻底清洗，以减少狂犬病的发病机会。用干净的刷子，也可以用牙刷或纱布和浓肥皂水反复刷洗伤口，尤其是伤口深部，并及时用清水冲洗，不能因疼痛而拒绝认真刷洗，刷洗时间至少要持续30分钟。冲洗后，再用70%的酒精或高度白酒涂擦伤口数次，在无麻醉条件下，涂擦时疼痛较明显，伤员应有心理准备。涂擦完毕后，伤口不必包扎，可任其裸露。对于其他被狗抓伤、舔吮以及唾液污染的新旧伤口，均应按咬伤同等处理。经过上述伤口处理后，应尽快将伤员送往附近医院或卫生防疫站接受狂犬病疫苗的注射。

五、蜂蜇

蜜蜂和黄蜂尾部毒囊中的毒液通过尾端一枚连接毒囊的螯针刺入皮肤进入人体。蜂毒液除引起刺伤局部反应外，还会导致溶血、出血等症状。

人被蜂蜇后，局部有疼痛、红肿、麻木症状，数小时后能自愈；少数伤处出现水疱，很少有全身中毒症状。被群蜂多处蜇伤，在很短时间内即有发热、头痛、恶心、呕吐、腹泻等症状，严重的会导致溶血、出血、烦躁不安、肌肉痉挛、抽搐、昏迷、急性肾功能衰竭等。对蜂毒过敏者，会迅速出现荨麻疹、喉头水肿和（或）气管痉挛，可导致窒息，发生过敏性休克。

（1）被蜂蜇伤后，其毒针会留在皮肤里，必须用消毒针将皮肤里的断刺剔出，然后用力掐住被蜇伤的部分，反复吸吮，以吸出毒素。如果身边暂时没有药物，则可用肥皂水充分清洗患处，然后再涂些食醋或柠檬。

（2）万一发生休克，在通知急救中心或去医院的途中，要注意保持中毒者呼吸畅通，并对其进行人工呼吸、心脏胸外按压等急救处理。

反观自我

结合身边发生的中毒事件，讨论在日常生活中应如何防止中毒事件发生。

知识拓展

有毒蛇与无毒蛇的区别

全世界的蛇有2500至3000种，其中毒蛇约650种。我国的蛇有170多种，其中毒蛇50种左右。怎样识别有毒蛇和无毒蛇呢？一般人单凭头部是否呈三角形或者尾巴是否粗短、颜色是否鲜艳来区分，这是不全面的。虽然蝮亚科、蝰亚科的毒蛇，头部的确呈明显的三角形，但海蛇科及眼镜科的毒蛇，头部并不呈三角形；而无毒蛇中的伪蝮蛇，头部倒是呈三角形的。五步蛇、蝮蛇和眼镜蛇的尾巴确实很粗大，但烙铁头蛇的尾巴就较细长。很多色泽鲜艳的蛇并非毒蛇，而蝮蛇的色泽如泥土，很不引人注目，但毒性却很强。因此，区别有毒蛇和无毒蛇主要根据以下几点。

1. 毒腺

有毒蛇具有毒腺，无毒蛇不具有毒腺。毒腺是由唾液腺演化而来的，位于头部两侧、眼的后方，包藏于颌肌肉中，能分泌出毒液。当毒蛇咬物时，包着毒腺的肌肉收缩，毒液立即经毒液管和毒牙的管或沟，注入被咬对象的身体内使其中毒，无毒蛇没有这一功能。

2. 毒液管

毒液管即输送毒液的管道，连接在毒腺与毒牙之间。只有毒蛇才具有毒液管。

3. 毒牙

毒蛇具有毒牙，它位于上颌骨无毒牙的前方或后方，比无毒牙更长、更大。被毒蛇咬过的伤口，局部常见到两个明显的毒牙痕，若被连续咬两口，则可见到四个牙痕，有时也可见到1～3个毒牙痕。在毒牙痕的近旁有时可见两个小牙痕，也可能出现1～3个小牙痕。毒蛇除毒牙外，还有一些无毒牙，毒牙或无毒牙掉落后由副牙递补。无毒蛇咬人后，伤口上仅见到较细的成排的细牙痕。

1. 煤气中毒时该怎么急救？
2. 在野外露营应注意什么？

第三课 灾难急救

某日，雷雨交加，正在田里割稻谷的某村村民黄某及其母亲、嫂子3人急急忙忙跑到田边的一棵大树下躲避，不料躲过了雨淋却遭到了雷击，造成了一死两伤的惨剧。

一、地震

我国处于环太平洋地震带与欧亚地震带交会处，地质结构相当活跃，约有1/3的国土处于地震多发地带。

1. 地震时的防护措施

(1) 立即关闭电源、火源。

(2) 住平房者要迅速逃出门外到比较宽广的地方，住楼房者可躲在桌子下面或有支撑和管道多的室内。

(3) 最好戴安全帽、顶塑料盆等，以便保护头部。

(4) 不要靠近狭窄的夹道、壕沟、峭壁和岸边等危险地方。

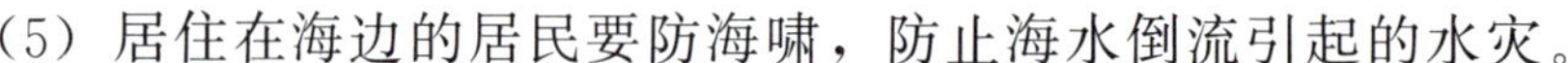

(5) 居住在海边的居民要防海啸，防止海水倒流引起的水灾。

(6) 居住近山者，要警惕山崩和泥石流的发生。

(7) 跑散时不要过度惊慌，要有条不紊。

(8) 注意余震，但不要听信谣言。

2. 地震后的自救与互救

一般来讲，较大的地震发生之后，到处是断壁残垣、瓦砾废墟。对于幸免于难的人们来说，及时开展自救和互救以降低伤亡程度是十分必要的。研究表明，地震发生后，越早对受灾者进行抢救，救活率就越高。自救与互救的措施包括以下内容。

(1) 被埋压人员应充满信心，保存体力，伺机采取相应措施，主动脱险。

(2) 脱险后的受难者应迅速对尚未脱险者实施救助，互救要有组织、有指挥地进行，切忌图快而增加不必要的伤亡。

(3) 铲、铁钎等便于挖掘的轻便工具和毛巾、被单、衬衣、木板等器材是救护中必不可少的。

二、雷电

雷电是大气中的自然放电现象，如果不懂得防雷电常识，就有可能受到雷击伤害。那么如何防止雷电危害呢？

(1) 雷电交加时，不要蹲在露天处，尤其不要站在高处，要远离电线杆、

水塔、大树、车棚等突出物 8 米以外；不要站在高楼墙边，更不要靠近避雷接地引线。

(2) 要避免携带的东西突出身体以外。行军时枪口应朝下，站岗时枪要立在地上；在劳动时遇到雷雨，不要扛着锹、锄头等铁质工具乱跑，应放下金属农具，就近找低洼处趴下；在广阔地带遇雷雨，可穿雨衣，不要使用带金属柄的雨伞。

(3) 若雷电发生时正在河里或水田中劳作或在泳池中游泳，则要快速离开水面。

(4) 为防止雷电波沿着低压线窜入室内损坏家用电器，在雷雨密集时或电源电压受到干扰时，最好停止使用家电，并关掉电源，拔下插头。

(5) 打雷时，人的身体不要接触墙壁、门窗以及一切沿墙铺设的金属管道，还要远离垂下的电线头和一切电线，以防打雷时高压电从配电线路引入的危险。

(6) 雷雨交加时，应避免外出，并及时将门、窗关严，防止有穿堂风，使球形雷随风窜入室内。

(7) 要等雷电过后再打电话，以防雷电从通信信号线中侵入。

三、台风

台风是最巨大、最猛烈的风暴之一。台风往往会带来暴雨，甚至引起浪潮，淹没沿海陆地，冲毁道路。因此，当台风即将来临时，我们要做好预防工作。

(1) 海边、河口等低洼地区的居民在台风吹袭前，应尽可能到台风庇护站暂避；水上人家和渔民应把渔船驶入避风港；木屋区居民要用铁丝把屋顶绷好，以防狂风把屋顶掀起；居所靠近高压电线的人家，应用胶带在窗玻璃上贴出“米”字形图案，以防玻璃破碎。

(2) 台风吹袭时，切勿靠近窗户，以免被强风吹破的窗玻璃碎片砸伤，并准备毯子和大毛巾，万一窗玻璃破碎，可以用其堵住风雨。

(3) 留在屋内最安全，即使久困生闷，也不宜走到街上去，应储存足够的食物和饮用水，购买备用蜡烛或手电等。

(4) 强风过后不久，“风眼”可能在上空掠过，会平静一段时间，天色变晴朗，风亦停止，切勿以为风暴已结束，因为台风可能会以雷霆万钧之势从反方向再度横扫而来。

四、海啸

海啸是一种破坏力很大、范围很广的灾害，它对海岸及船上人员的安全具有严重的威胁，需要及时防范。海边的居民及其他人员平时应注意收听广播，收看电视的预报消息，定时查看天气预报，观察海边的潮流动向，把船舶、浮桥等海上漂浮物牢牢地系在柱子上，把其他物品设法固定起来，房屋和围墙要加以修补，把容易漂浮的家具固定起来。

万一被海啸卷进海中，要沉着、冷静，见机行事，因为也有可能会被第二次或第三次涌浪推上岸来。如果正巧被浪推上岸来，则应及时抓住地面上牢固的物体，以免再次被卷入海中。地震、海啸发生时若正好在船的甲板上，则应马上蹲下并抓住物体，以免被抛入海中。

在海上随船漂流时，要有坚强的意志，学会节约饮用水，想方设法寻找食物。要想尽一切办法呼救，如喊叫、吹口哨、挥动颜色鲜艳的衣物等。

五、泥石流

泥石流是发生在沟谷或坡地上的一种饱含大量泥沙石块和巨砾的流体。泥石流的形成一般需要三个条件：陡急的山坡、沟谷；大量充足的松软固体物质；充足的水源。

相关研究表明，泥石流运动的速度一般是每秒 5～6 米，最快可达每秒 15 米，坡度越大，流速越快。泥石流从形成到流向堆积区有一段时间，因此，当发现泥石流形成或听到它流动的声音时，要立即向垂直于泥石流主轴方向的河床的两岸高处奔跑，绝对不能犹豫或躲藏在谷底中，那样做等于是放弃了逃生的机会。

六、洪水灾害

一个地区短期内连降暴雨，河水会猛烈上涨，漫过堤坝，淹没农田、村庄，冲毁道路、桥梁、房屋，这就是洪水灾害，即洪灾。严重的洪灾通常发生在江河湖溪沿岸及低洼地区，如果预防及时，那么灾区居民会及时转移，但是有些洪灾来势凶猛，可能来不及预先准备。此外，一些外地旅游者也有可能突然遭遇洪水的袭击，因此，学会自救非常重要。

（1）受到洪水威胁时，如果时间充裕，则应按照预定路线有组织地向山坡、高地等处转移；在已经受到洪水侵袭的情况下，要尽可能利用船只、木排、门板、木床等做水上转移。

（2）为防止洪水涌入屋内，要堵住大门下面所有空隙。最好在门槛外侧放上沙袋，没有沙袋时，可将麻袋、草袋、布袋或塑料袋里面塞满沙子、泥土、

碎石代替。

(3) 如果洪水不断上涨，则应在楼上储备一些食物、饮用水、保暖衣物以及烧开水的用具。

(4) 在爬上木筏之前，一定要试试木筏能否漂浮，要在木筏上备好食品、发信号的用具（如哨子、手电筒、旗帜、鲜艳的床单）、划桨等物品。在离开房屋乘木筏漂浮之前，要吃些高热量的食物，如巧克力、糖、甜糕点等，并喝些热饮料或热水，以增强体力。

(5) 在离开家门之前，要把煤气阀、电源总开关等关掉，时间允许的话，将贵重物品用毛毯卷好，收藏在楼上的柜子里。出门时最好把房门关好，以免家产随水漂走。

(6) 发现高压线铁塔倾倒、电线低垂或断折，要远离避险，不可触摸或接近，防止触电。

(7) 洪水过后，要服用预防流行病的药物，做好卫生防疫工作，避免感染传染病。

七、火山爆发

火山爆发是人力所不能避免的巨大自然灾害，人们一旦遇到这种灾害，生命财产安全便会受到极大威胁。

撤离危险区时可以使用一切可以利用的交通工具。如果火山灰越积越厚，汽车因车轮陷住无法行驶，则应当机立断放弃汽车，沿大路奔跑，离开灾区。如果有火山口喷涌出的熔岩流逼近，应立即爬上高地。

在撤离危险区的过程中，要做好下列防护措施：①保护好头部，可以戴上头盔或者安全帽，也可以用普通帽子塞满报纸来抵挡一阵；②用湿手帕或毛巾、围巾等掩住口鼻作为临时性的人造防尘面具，用来过滤尘埃；③戴上护目镜以保护眼睛；④穿上稍厚重的衣服以保护身体。

火山爆发时，不但有大量的炽热岩浆从火山口喷出，还会有大量火山灰喷出，火山灰混合着各种气体有时会形成速度很快的炽热火山云。火山云所掠之处，植物、动物无不受到损害，因此，遇到火山云是相当危险的。当火山云向自己滚滚袭来时，只有两条逃生途径：①迅速躲进砖石砌筑的坚固地下室；②赶紧跳进附近的河中，屏住呼吸，将全身隐入水中。一般来说，一小团火山云在 30 秒的时间内便会飘掠而过。

八、雪崩

在所有高大的山岭区域，雪崩是一种严重的灾害。最常见的雪崩是聚积的

雪突然滑下斜坡。当山自身的一部分突然垮掉，导致岩石、砾石和沙的混合物一起滑下时，也可能发生雪崩。当暴雨、地震或积聚的压力达到某一点（此时结构突然变得不稳定）时，也可能引发雪崩。

发生雪崩后，因为道路堵塞，或者消息无法传出，遇难者往往得不到及时的外部救援，所以自救是最重要的。以下是遭遇雪崩时应采取的措施。

平躺，用爬行姿势在雪崩面的底部活动；丢掉包裹、雪橇、手杖或者其他给自己造成负担的随身物品；覆盖口、鼻部分以避免把雪吞下；休息时尽可能在身边造一个大的洞穴；节省力气，当听到有人来时大声呼叫；被雪掩埋时，冷静下来，让口水流出从而判断上下方，然后奋力向上挖掘，在雪凝固前，试着到达表面。

九、龙卷风

龙卷风是从强流积雨云中伸向地面的一种小范围强烈旋风。龙卷风出现时，往往有一个或数个如同“象鼻子”的漏斗状云柱从云底向下伸展，同时伴随狂风暴雨、雷电或冰雹。龙卷风经过水面，能吸水上升，形成水柱，同云相接，俗称“龙吸水”。经过陆地，常会卷倒房屋，吹折电杆，甚至把人、畜和杂物吸卷到空中，带往他处，对人民的生命财产威胁极大。

龙卷风发生的地区很广泛，且常发生于夏季的雷雨天气时，尤其以下午至傍晚最为多见，危害极大，不能不防。那么，在龙卷风袭来时，怎样有效地保护自己呢？

（1）龙卷风往往来得十分迅速、突然，直径一般在十几米到数百米。龙卷风的生命期短，一般只有几分钟，最长也不过数小时，所以在这一段时间最好不要到屋外活动。

（2）在室内，人应该保护好头部，面向墙壁蹲下。

（3）若在野外遇到龙卷风，则应迅速向龙卷风前进的相反方向或者侧向移动躲避。

（4）若龙卷风已经到达眼前，则应寻找低洼地形趴下，闭上口、眼，用双手、双臂保护头部，防止被飞来物砸伤。

（5）如果是在乘坐汽车时遇到龙卷风，则应下车躲避，不要留在车内。

洪灾、干旱、沙尘暴等自然灾害频发，我们应该如何做好防范措施？

知识拓展

预测地震民谣

震前动物有预兆，群测群防很重要。
牛羊骡马不进圈，猪不吃食狗乱咬。
鸭不下水岸上闹，鸡乱上树高声叫。
冰天雪地蛇出洞，大猫携着小猫跑。
兔子竖耳蹦又撞，鱼跃水面惶惶跳。
蜜蜂群迁闹哄哄，鸽子惊飞不回巢。
家家户户都观察，综合异常做预报。

学以致用

1. 地震时该怎样逃生？
2. 怎样避免被雷电击中？

思政园地

“救命神器”AED走进小学校园　为师生筑起生命防线

2021年7月8日，首师大附小柳明校区迎来两台“救命神器”AED（自动体外除颤器）。据悉，这是AED首次走进北京市小学校园。

近年来，校园猝死事件时有发生，给家庭带来极大的伤害和痛苦。据《中国心血管病报告2018》显示，我国每年猝死人数高达55万，而医院外发生猝死的救治成功率仅有1%左右。心脏骤停只有4分钟的黄金抢救时间，一旦超过4分钟，大脑就会产生不可逆转的损伤。室颤是导致猝死的致命性心律失常，而最有效的方法就是心脏电击除颤。尽早实施高质量的心肺复苏，进行自动体外除颤器除颤等急救措施对提高心脏骤停者的生存率十分重要。AED能够与时间赛跑，在1分钟内完成除颤，抢救成功率高达90%。

首师大附小柳明校区顺应国家完善公共场所急救设施配备标准的要求，在校园内安装设置AED，保证在突发情况下，满足及时对师生进行有效救治的急救条件。当日，中国人民解放军总医院心血管内科副主任医师张然在校园给老师进行细致的技术讲解和操作培训，确保AED在突发情况下发挥有效作用。

孩子是祖国的未来，需要全社会的呵护。在校园内大力普及应急救护知识，提高师生在紧急状态下避险逃生和自救互救能力，刻不容缓。校园AED的规范化布防和急救知识的普及，不但能保障学生在校园生活得更加安心，让家长更为放心，同时也提高了学生的急救能力和乐于助人的施救意识，从而使得学生力量逐渐成长为社会急救力量，进而提高国民整体的急救能力和素质。

（资料来源：《科技日报》，有删改）

讨论：

1. 为什么提倡在校园内大力普及应急救护知识？
2. 结合材料和所学知识，分析急救前需要做好哪些准备。

附录　《学生伤害事故处理办法》

（2002年6月25日教育部令第12号发布，根据2010年12月13日
《教育部关于修改和废止部分规章的决定》修正）

第一章　总　则

第一条　为积极预防、妥善处理在校学生伤害事故，保护学生、学校的合法权益，根据《中华人民共和国教育法》、《中华人民共和国未成年人保护法》和其他相关法律、行政法规及有关规定，制定本办法。

第二条　在学校实施的教育教学活动或者学校组织的校外活动中，以及在学校负有管理责任的校舍、场地、其他教育教学设施、生活设施内发生的，造成在校学生人身损害后果的事故的处理，适用本办法。

第三条　学生伤害事故应当遵循依法、客观公正、合理适当的原则，及时、妥善地处理。

第四条　学校的举办者应当提供符合安全标准的校舍、场地、其他教育教学设施和生活设施。

教育行政部门应当加强学校安全工作，指导学校落实预防学生伤害事故的措施，指导、协助学校妥善处理学生伤害事故，维护学校正常的教育教学秩序。

第五条　学校应当对在校学生进行必要的安全教育和自护自救教育；应当按照规定，建立健全安全制度，采取相应的管理措施，预防和消除教育教学环境中存在的安全隐患；当发生伤害事故时，应当及时采取措施救助受伤害学生。

学校对学生进行安全教育、管理和保护，应当针对学生年龄、认知能力和法律行为能力的不同，采用相应的内容和预防措施。

第六条　学生应当遵守学校的规章制度和纪律；在不同的受教育阶段，应当根据自身的年龄、认知能力和法律行为能力，避免和消除相应的危险。

第七条　未成年学生的父母或者其他监护人（以下称为监护人）应当依法履行监护职责，配合学校对学生进行安全教育、管理和保护工作。

学校对未成年学生不承担监护职责，但法律有规定的或者学校依法接受委托承担相应监护职责的情形除外。

第二章　事故与责任

第八条　发生学生伤害事故，造成学生人身损害的，学校应当按照《中华

人民共和国侵权责任法》及相关法律、法规的规定，承担相应的事故责任。

第九条 因下列情形之一造成的学生伤害事故，学校应当依法承担相应的责任：

（一）学校的校舍、场地、其他公共设施，以及学校提供给学生使用的学具、教育教学和生活设施、设备不符合国家规定的标准，或者有明显不安全因素的；

（二）学校的安全保卫、消防、设施设备管理等安全管理制度有明显疏漏，或者管理混乱，存在重大安全隐患，而未及时采取措施的；

（三）学校向学生提供的药品、食品、饮用水等不符合国家或者行业的有关标准、要求的；

（四）学校组织学生参加教育教学活动或者校外活动，未对学生进行相应的安全教育，并未在可预见的范围内采取必要的安全措施的；

（五）学校知道教师或者其他工作人员患有不适宜担任教育教学工作的疾病，但未采取必要措施的；

（六）学校违反有关规定，组织或者安排未成年学生从事不宜未成年人参加的劳动、体育运动或者其他活动的；

（七）学生有特异体质或者特定疾病，不宜参加某种教育教学活动，学校知道或者应当知道，但未予以必要的注意的；

（八）学生在校期间突发疾病或者受到伤害，学校发现，但未根据实际情况及时采取相应措施，导致不良后果加重的；

（九）学校教师或者其他工作人员体罚或者变相体罚学生，或者在履行职责过程中违反工作要求、操作规程、职业道德或者其他有关规定的；

（十）学校教师或者其他工作人员在负有组织、管理未成年学生的职责期间，发现学生行为具有危险性，但未进行必要的管理、告诫或者制止的；

（十一）对未成年学生擅自离校等与学生人身安全直接相关的信息，学校发现或者知道，但未及时告知未成年学生的监护人，导致未成年学生因脱离监护人的保护而发生伤害的；

（十二）学校有未依法履行职责的其他情形的。

第十条 学生或者未成年学生监护人由于过错，有下列情形之一，造成学生伤害事故，应当依法承担相应的责任：

（一）学生违反法律法规的规定，违反社会公共行为准则、学校的规章制度或者纪律，实施按其年龄和认知能力应当知道具有危险或者可能危及他人的行为的；

（二）学生行为具有危险性，学校、教师已经告诫、纠正，但学生不听劝阻、拒不改正的；

（三）学生或者其监护人知道学生有特异体质，或者患有特定疾病，但未告知学校的；

（四）未成年学生的身体状况、行为、情绪等有异常情况，监护人知道或者已被学校告知，但未履行相应监护职责的；

（五）学生或者未成年学生监护人有其他过错的。

第十一条 学校安排学生参加活动，因提供场地、设备、交通工具、食品及其他消费与服务的经营者，或者学校以外的活动组织者的过错造成的学生伤害事故，有过错的当事人应当依法承担相应的责任。

第十二条 因下列情形之一造成的学生伤害事故，学校已履行了相应职责，行为并无不当的，无法律责任：

（一）地震、雷击、台风、洪水等不可抗的自然因素造成的；

（二）来自学校外部的突发性、偶发性侵害造成的；

（三）学生有特异体质、特定疾病或者异常心理状态，学校不知道或者难于知道的；

（四）学生自杀、自伤的；

（五）在对抗性或者具有风险性的体育竞赛活动中发生意外伤害的；

（六）其他意外因素造成的。

第十三条 下列情形下发生的造成学生人身损害后果的事故，学校行为并无不当的，不承担事故责任；事故责任应当按有关法律法规或者其他有关规定认定：

（一）在学生自行上学、放学、返校、离校途中发生的；

（二）在学生自行外出或者擅自离校期间发生的；

（三）在放学后、节假日或者假期等学校工作时间以外，学生自行滞留学校或者自行到校发生的；

（四）其他在学校管理职责范围外发生的。

第十四条 因学校教师或者其他工作人员与其职务无关的个人行为，或者因学生、教师及其他个人故意实施的违法犯罪行为，造成学生人身损害的，由致害人依法承担相应的责任。

第三章 事故处理程序

第十五条 发生学生伤害事故，学校应当及时救助受伤害学生，并应当及时告知未成年学生的监护人；有条件的，应当采取紧急救援等方式救助。

第十六条 发生学生伤害事故，情形严重的，学校应当及时向主管教育行政部门及有关部门报告；属于重大伤亡事故的，教育行政部门应当按照有关规定及时向同级人民政府和上一级教育行政部门报告。

第十七条 学校的主管教育行政部门应学校要求或者认为必要，可以指导、协助学校进行事故的处理工作，尽快恢复学校正常的教育教学秩序。

第十八条 发生学生伤害事故，学校与受伤害学生或者学生家长可以通过协商方式解决；双方自愿，可以书面请求主管教育行政部门进行调解。

成年学生或者未成年学生的监护人也可以依法直接提起诉讼。

第十九条 教育行政部门收到调解申请，认为必要的，可以指定专门人员进行调解，并应当在受理申请之日起60日内完成调解。

第二十条 经教育行政部门调解，双方就事故处理达成一致意见的，应当在调解人员的见证下签订调解协议，结束调解；在调解期限内，双方不能达成一致意见，或者调解过程中一方提起诉讼，人民法院已经受理的，应当终止调解。

调解结束或者终止，教育行政部门应当书面通知当事人。

第二十一条 对经调解达成的协议，一方当事人不履行或者反悔的，双方可以依法提起诉讼。

第二十二条 事故处理结束，学校应当将事故处理结果书面报告主管的教育行政部门；重大伤亡事故的处理结果，学校主管的教育行政部门应当向同级人民政府和上一级教育行政部门报告。

第四章　事故损害的赔偿

第二十三条 对发生学生伤害事故负有责任的组织或者个人，应当按照法律法规的有关规定，承担相应的损害赔偿责任。

第二十四条 学生伤害事故赔偿的范围与标准，按照有关行政法规、地方性法规或者最高人民法院司法解释中的有关规定确定。

教育行政部门进行调解时，认为学校有责任的，可以依照有关法律法规及国家有关规定，提出相应的调解方案。

第二十五条 对受伤害学生的伤残程度存在争议的，可以委托当地具有相应鉴定资格的医院或者有关机构，依据国家规定的人体伤残标准进行鉴定。

第二十六条 学校对学生伤害事故负有责任的，根据责任大小，适当予以经济赔偿，但不承担解决户口、住房、就业等与救助受伤害学生、赔偿相应经济损失无直接关系的其他事项。

学校无责任的，如果有条件，可以根据实际情况，本着自愿和可能的原则，对受伤害学生给予适当的帮助。

第二十七条　因学校教师或者其他工作人员在履行职务中的故意或者重大过失造成的学生伤害事故，学校予以赔偿后，可以向有关责任人员追偿。

第二十八条　未成年学生对学生伤害事故负有责任的，由其监护人依法承担相应的赔偿责任。

学生的行为侵害学校教师及其他工作人员以及其他组织、个人的合法权益，造成损失的，成年学生或者未成年学生的监护人应当依法予以赔偿。

第二十九条　根据双方达成的协议、经调解形成的协议或者人民法院的生效判决，应当由学校负担的赔偿金，学校应当负责筹措；学校无力完全筹措的，由学校的主管部门或者举办者协助筹措。

第三十条　县级以上人民政府教育行政部门或者学校举办者有条件的，可以通过设立学生伤害赔偿准备金等多种形式，依法筹措伤害赔偿金。

第三十一条　学校有条件的，应当依据保险法的有关规定，参加学校责任保险。

教育行政部门可以根据实际情况，鼓励中小学参加学校责任保险。

提倡学生自愿参加意外伤害保险。在尊重学生意愿的前提下，学校可以为学生参加意外伤害保险创造便利条件，但不得从中收取任何费用。

第五章　事故责任者的处理

第三十二条　发生学生伤害事故，学校负有责任且情节严重的，教育行政部门应当根据有关规定，对学校的直接负责的主管人员和其他直接责任人员，分别给予相应的行政处分；有关责任人的行为触犯刑律的，应当移送司法机关依法追究刑事责任。

第三十三条　学校管理混乱，存在重大安全隐患的，主管的教育行政部门或者其他有关部门应当责令其限期整顿；对情节严重或者拒不改正的，应当依据法律法规的有关规定，给予相应的行政处罚。

第三十四条　教育行政部门未履行相应职责，对学生伤害事故的发生负有责任的，由有关部门对直接负责的主管人员和其他直接责任人员分别给予相应的行政处分；有关责任人的行为触犯刑律的，应当移送司法机关依法追究刑事责任。

第三十五条　违反学校纪律，对造成学生伤害事故负有责任的学生，学校可以给予相应的处分；触犯刑律的，由司法机关依法追究刑事责任。

第三十六条 受伤害学生的监护人、亲属或者其他有关人员，在事故处理过程中无理取闹，扰乱学校正常教育教学秩序，或者侵犯学校、学校教师或者其他工作人员的合法权益的，学校应当报告公安机关依法处理；造成损失的，可以依法要求赔偿。

第六章 附 则

第三十七条 本办法所称学校，是指国家或者社会力量举办的全日制的中小学（含特殊教育学校）、各类中等职业学校、高等学校。

本办法所称学生是指在上述学校中全日制就读的受教育者。

第三十八条 幼儿园发生的幼儿伤害事故，应当根据幼儿为完全无行为能力人的特点，参照本办法处理。

第三十九条 其他教育机构发生的学生伤害事故，参照本办法处理。

在学校注册的其他受教育者在学校管理范围内发生的伤害事故，参照本办法处理。

第四十条 本办法自 2002 年 9 月 1 日起实施，原国家教委、教育部颁布的与学生人身安全事故处理有关的规定，与本办法不符的，以本办法为准。

在本办法实施之前已处理完毕的学生伤害事故不再重新处理。